Dr. Einhard Bezzel

Erlebnis-Guide
VÖGEL

Sehen, hören und erleben

Inhalt

Vielfalt entdecken und bewahren

Gefiederte Vielfalt

Spannende Spurensuche

Vögel leben in allen Teilen der Erde, in denen eine Existenz für Warmblüter überhaupt denkbar ist. Damit sind sie überall dort, wo auch Menschen leben, und somit Bestandteil der uns umgebenden Natur, auch im ganz normalen Alltag. Rund 10 600 heute lebende Vogelarten hat man bis jetzt beschrieben, knapp doppelt so viele wie Säugetiere. Die **gewaltige Artenzahl** lässt sich deshalb nicht exakt angeben, weil sich herausgestellt hat, dass menschlichem Auge, Ohr und Messgerät bisher manche Arten entgangen sind. Erst die modernen Methoden der Molekulargenetik, mit denen molekulare Informationen in den Genen miteinander verglichen werden können, haben gezeigt, dass selbst geringfügige äußerliche Unterschiede, denen man bislang keine große Bedeutung beigemessen hat, nicht immer nahe Verwandtschaft oder gar Gemeinsamkeit signalisieren. Man hat also mit herkömmlichen Methoden mitunter sehr ähnliche Vögel sozusagen in einen Topf geworfen und als eine Art betrachtet. Es gibt aber Fälle, in denen eine ähnliche Lebensweise bei Arten unterschiedlicher Abstammungslinien zu ähnlichem Aussehen und Verhalten führen. Außerdem ist nicht auszuschließen, dass feine, aber wichtige Unterschiede übersehen werden, zum Beispiel wenn Vögel, die man bisher zu einer Art zählte, in weit voneinander entfernten geographischen Regionen oder auch dicht beieinander, aber unter verschiedenen Bedingungen ihrer Umwelt leben. Der Vielfalt ist also manchmal nicht so einfach nachzuspüren und die zoologische Systematik der Vögel ist wieder zu einer spannenden Wissenschaft geworden, nachdem man schon geglaubt hatte, nichts mehr wesentlich Neues entdecken zu können.

Aber Vielfalt erschöpft sich nicht nur in Zahlen. Vögel sind Nachfahren der Dinosaurier, die im Erdmittelalter lebten. Heute lebende Vögel haben eine Reihe von Merkmalen gemeinsam, die auch auf einen gemeinsamen Stammbaum schließen lassen und an denen man sie als Vogel erkennt. Solche Alleinstellungsmerkmale der modernen Vögel sind Federn, Schnabel, keine Zähne, hohle Knochen, Luftsäcke als dünnhäutige Anhänge der Lunge, die wie Blasebälge wirken, und einige Details im Skelett, vor allem im Bereich von

Schlüssel- und Brustbein. Das ist eine ganze Menge an Gemeinsamkeiten, auf deren Grundlage aber eine fast unglaubliche Fülle ganz unterschiedlicher Anpassungen und daher Formen und Leistungen entstanden ist.

Vielfalt der Leistungen

Vögel können **fliegen**. Das schließt viele unterschiedliche Leistungen im Luftraum ein: Überwindung langer Strecken ohne Nahrung über Wüsten und Meere, segeln und gleiten, akrobatische Flugmanöver, wie erstarrt fixiert in der Luft stehen bleiben, dort auch Nahrung erjagen oder Nistmaterial sammeln, in der Luft übernachten, zielgenau auf Bodenpunkte herunterstoßen, im Kunstflug optische und akustische Signale aussenden, sich exakt in Formationen oder Schwärme einordnen und manches mehr. Manche Vögel können stundenlang auf einem Bein stehen, viele laufen, rennen, hüpfen. Arten ganz unterschiedlicher Gruppen können auch schwimmen und **tauchen**. Unglaublich erscheinen die Stoffwechselleistungen der Zugvögel, wenn sie lange Strecken überwinden müssen. Immer noch ist nicht restlos geklärt, wie sie sich orientieren und wie sie navigieren. Vögel haben eine innere Jahresuhr, die ihnen Zug-, Brut- und Mauserzeiten vorgibt. Sie sind in der Lage, komplizierte **Lautäußerungen** zu produzieren, aber auch deren Bedeutung zu interpretieren. Sie können erstaunlich viel lernen und reagieren oft überraschend schnell auf Änderungen in ihrer Umwelt. Darin liegen auch Chancen des Überlebens in einer Zeit des fortschreitenden Artensterbens.

Rekorde können die Vielfalt nur grob abstecken, aber eben auch sehr eindrucksvoll sein. Als kleinster Vogel der Welt gilt die Bienenelfe aus Kuba, ein winziger Kolibri mit einem Gewicht von 1,8 Gramm. Er wiegt damit so viel wie eine Feder vom Strauß, also des größten lebenden Vogels, dessen Männchen bis 135 Kilogramm Gewicht erreicht. Strauße und einige seiner Verwandten haben das Fliegen aufgegeben und sind Laufvögel geworden, die bis zu 70 Kilometer pro Stunde erreichen können. Pinguine können ebenfalls nicht fliegen, aber erstaunlich schnell schwimmen und bis mehrere 100 Meter tief tauchen. Segler sind Luftjäger, von denen einige so gut wie niemals auf den Boden oder eine horizontale Fläche kommen.

Vielfalt der Lebensräume

Die Vielfalt der Vögel zeigt sich aber keineswegs nur im globalen Maßstab, sondern auch in dem Restchen Natur, was vor unserer Haustür übrig geblieben ist.

VIELFALT MITTELEUROPÄISCHER VÖGEL

Verwandtschaft in Mitteleuropa (Brutvögel und regelmäßige Gäste)	Zahl der Arten
Meisen	6
Finken	15
Drosseln	6
Krähenverwandte (Rabenvögel)	11
Spechte	9
Enten	21
Gänse	12
Schwäne	3
Möwen	10
Greifvögel	18

Brutvögel

Deutschland	280
Mecklenburg-Vorpommern	202
Brandenburg/Berlin	195
Nordrhein-Westfalen	194
Sachsen	187
Saarland	131
Bayern	207
Kanton Zürich	135
Steiermark	158
Hamburg	160
Osnabrück	100
Chemnitz	112
Göttingen	101
Halberstadt	118
Regensburg	106

Gäste in einer Stadt

(Osnabrück nach G. Kooiker)

Jahresgäste	26
Wintergäste	30
Sommergäste	15
Durchzügler	50
Ausnahmegäste	46

Wenn nicht sämtliche Grünflächen fehlen, sind 10 bis 15 Vogelarten an einem Frühlings- oder Sommertag um die Häuser einer Gartenstadt nicht außergewöhnlich. Unsere Übersicht zeigt, dass in mitteleuropäischen Städten mindestens 100 verschiedene Vogelarten leben, die dort auch Eier legen und Junge großziehen. Zu diesen Brutvögeln kommen zusätzlich Gäste, die auf dem Zug eine kurze oder längere Rast einlegen oder auch Monate bleiben, vor allem im Winter. Milderes Stadtklima und höheres Nahrungsangebot ziehen solche Wintergäste an. Als Besucher für Futterstellen im Garten oder vor dem Fenster kommen rund 30 verschiedene Vogelarten in Frage, darunter mit Bergfinken auch weitgereiste Wintergäste aus dem Norden.

Besonders viele verschiedene Vogelarten leben am Wasser, vor allem an stehenden Gewässern mit einer natürlichen Uferzone, die vom Land allmählich ins Wasser führt. Dort kann man mit etwas Glück auch manchen seltenen Gast beobachten. Vogelgestalten wie einige Reiher, die kleinen Rohrsänger oder die versteckt lebenden Rohrdommeln trifft man nur dort.

Großen Vogelmassen begegnet man an der Küste. Das Wattenmeer der Nordsee und die Schutzgebiete an der Ostsee sind Drehkreuze des Vogelzugs und Rastplätze für Millionen Vögel und daher von globaler Bedeutung für eine lebendige Natur.

Naturnahe Laubwälder, in denen auch alte Bäume stehen bleiben, die den Höhepunkt ihres Lebens schon hinter sich haben, sind vor allem für Eulen, Tauben oder Spechte wichtige Lebensräume und für die meisten Greifvögel unverzichtbare Brutplätze. Viele unserer Singvögel in Park und Garten stammen ursprünglich aus dem Laubwald.

Nadelwälder sind artenärmer, vor allem, wenn sie zu dicht geschlossenen Fichtenforsten mit Bäumen in Reih und Glied verkommen sind. Aber auch hier können einige Vogelarten gut leben, wie Goldhähnchen, einige Meisen, Kreuzschnäbel und mancher Specht. Offene Landschaften sind heute in Mitteleuropa durch die intensive Bodennutzung, die Pflanzen- und Tierleben als Minderung der Produktivität einstuft und beseitigt, fast vogelleer geworden.

Lebhafte Dynamik

Gefiederte Vielfalt zeigt sich aber nicht nur im Vergleich unterschiedlicher Lebensräume, sondern auch im Lauf der Zeit. Ein Vogeljahr bedeutet ständiges Kommen und Gehen. Nur wenige Arten bleiben wie der Haussperling als ausgesprochene Standvögel immer einem Platz treu. Selbst Kohlmeisen müssen manchmal wechselndem Nahrungsangebot folgend ihren Aufenthalt vorübergehend an einen anderen Ort verlagern. Bei manchen Vögeln, die sich das ganze Jahr über zeigen, findet im Wechsel der Jahreszeiten ein Austausch zwischen Artgenossen verschiedener Herkunft statt, und das kann in seinem Ausmaß an einzelnen Orten ganz unterschiedlich aussehen. Die Buchfinken im Park sind nicht jeden Monat dieselben. Unter den Amseln bleiben viele den Winter über dem Brut- oder Geburtsort in Stadt und Dorf treu, einige ziehen im Herbst in mildere Gebiete weg und wieder andere kommen im Winter als vorübergehende Gäste dazu, von weither oder nur aus den umliegenden Wäldern. Wanderbewegungen über zunächst kleinere Entfernungen verteilen die selbständig gewordenen Jungvögel im Hoch- und Spätsommer über ein größeres Gebiet, so dass eine zu große Vogeldichte um ihren Geburtsort vermieden wird. Gleichzeitig bieten diese sommerlichen Streuwanderungen für die nächste Generation die Möglichkeit, Lebensräume für Niederlassung und künftige Ansiedlung zu erkunden.

Das ganze Jahr über sind Vögel auf Wanderung, nicht nur zu den programmierten Zugzeiten im Frühjahr und Herbst. In diesem Buch wird mit 65 Vogelarten nur ein kleiner Ausschnitt der Vielfalt vorgestellt. Aber man kann sicher sein, dass diese Vögel jedem Menschen, der in Mitteleuropa lebt, begegnen werden und ihm wohl auch schon unbemerkt über den Weg geflogen sind. Natur und ihre Vielfalt lässt sich auch ohne weite Reisen in ferne Länder im Alltag entdecken.

Entdecken und beobachten

Vögel haben durch ihre Auffälligkeit, ihre Schönheit für Auge und Ohr und ihr lebhaftes Wesen schon immer begeisterte Beobachter gefunden. Wie kaum eine andere heimische Tiergruppe lassen uns Vögel an ihrem Leben teilnehmen. Das hat ihnen nicht nur viele Freunde verschafft, sondern auch zahlreiche Vogelbeobachter in ihren Bann gezogen, die ihnen einen großen Teil ihrer Freizeit widmen und als ehrenamtliche Mitarbeiter Beobachtungsergebnisse Wissenschaft und Naturschutz zur Verfügung stellen. Rund 35 000 Personen in Deutschland, Österreich und der Schweiz arbeiten an der Internetplattform *ornitho* mit und geben dort ihre Beobachtungsdaten für wissenschaftliche Auswertungen ein. An 3 Tagen im Mai 2016 haben bei der bundesweiten Aktion »Stunde der Gartenvögel« allein in Bayern 8000 Menschen fast 200 000 Vögel gezählt.

Die Bürgerwissenschaft, die als Citizen Science aus dem englischsprachigen Raum zu uns kam, hat mit der Beobachtung von Vögeln schon vor über 100 Jahren in Amerika begonnen. Sie findet immer mehr Anhänger und ist zu einer Bewegung geworden, über die bereits kluge Bücher geschrieben wurden.

AUF DEN PUNKT GEBRACHT

Vögel beobachten

- verspricht spannende Entdeckungen im Kleinen, wie die Welt im Großen funktioniert,
- schafft Grundlagen zur Erhaltung der biologischen Vielfalt und zum Schutz der Natur und ist damit ein wichtiger Beitrag im ehrenamtlichen Engagement für die Erhaltung der Lebensqualität für kommende Generationen,
- sorgt als anregende Freizeitbeschäftigung für Erholung vom Stress des Alltags,
- ist zu allen Jahreszeiten interessant,
- schult die Sinne und den Verstand und wird nie langweilig.

Die Faszination des Vogelbeobachtens wird von unterschiedlichen Antrieben gespeist. Man sucht Ausgleich von alltäglichen Belastungen, taucht in eine neue Welt spannender Entdeckungen ein, fühlt sich herausgefordert, kleine Rätsel zu lösen, hofft, zum Schutz der biologischen Vielfalt beitragen zu können, hat wissenschaftliches Interesse oder fühlt sich einfach wohl in einem exklusiven Kreis von Kennern. Vogelbeobachten fordert detektivischen Spürsinn, sorgt immer wieder für kleine Überraschungen und unverhoffte Begegnungen, gibt Rätsel auf, aber auch Lernfortschritte und Erfahrungen wieder. Es ist spannend und macht Spaß, schon allein weil viele Menschen keine Ahnung davon haben, was sich an interessantem Leben um sie herum abspielt. Vögel sind zu jeder Jahreszeit irgendwo zu beobachten.

Vögel identifizieren

An Futterstellen mit dem Kennenlernen heimischer Vögel zu beginnen, ist ein wichtiger Einstieg, vor allem auch für Kinder. Nirgendwo sonst kann man mehrere Arten so nah beobachten und kennenlernen. Wie unterscheiden sich Vögel verschiedener Arten in ihrem Aussehen, aber auch in ihrem Verhalten? Wie unterscheiden sich Vögel einer Art in ihrem Federkleid? Welche Unterschiede lassen sich in wenigen Blicken zum Verhalten beobachten? Allerdings wird auch bald klar, dass Vögel abseits solcher besonders günstigen Beobachtungsplätze nur aus Entfernungen ungestört zu beobachten sind, in denen das menschliche Auge nicht mehr viel erkennen kann. Oft sitzen Vögel auch nicht ruhig da oder sind teilweise verborgen. Im Gegenlicht

oder im tiefen Schatten sind keine Farben mehr zu erkennen. Ein gutes **Fernglas** mit einer acht- bis zehnfachen Vergrößerung ist daher als Grundausrüstung unverzichtbar. Vor einer Anschaffung lasse man sich am besten von einem Vogelbeobachter oder einer Organisation für Vogelkunde oder Vogelschutz beraten, denn der Optiker kann hervorragend über die technischen Details Auskunft geben, ist aber kein Vogelbeobachter. Es müssen nicht die besten, größten oder lichtstärksten Modelle sein. Moderne Hightech-Produkte leisten auch in etwas bescheideneren Versionen Hervorragendes. Mechanische Stabilität ist für den häufigen Gebrauch bei fast jedem Wetter empfehlenswert.

Der nächste Schritt ist der Griff nach Hilfsmitteln, Beobachtetes zu bestimmen und zu bestätigen, also gute Bilder, ausreichende Beschreibungen, aktuelle Informationen und Tonträger. Bildmaterial steht heute in **Bestimmungsbüchern** und Feldführern in ausgezeichneter Qualität zur Verfügung.

Vögel nach der Artzugehörigkeit zu bestimmen und Erlebtes richtig zu deuten ist aber nicht auf das Erkennen von Formen und Farben beschränkt. Daher können auch die besten Bilder, Fotos wie Zeichnungen, längst nicht alle Fragen beantworten und Zweifel klären. In vielen Situationen sind **akustische Eindrücke** wichtiger als optische, schon allein deshalb, weil man Lautäußerungen auch um die Ecke oder aus größeren Entfernungen hören kann. Tonträger unterschiedlichster Art führen auf dem mühsam zu begehenden Feld der Vogelstimmen weiter. Kleine transportable Hightech-Geräte und entsprechende Apps lassen Gehörtes gleich an Ort und Stelle durch Vergleich bestimmen.

Neben bildlichem Eindruck und Lautäußerungen sind aber noch typische Bewegungen und Verhaltensweisen oft entscheidende Kriterien, entdeckte Vögel richtig einzuordnen. Man kann nicht alles aus Büchern und von Videos lernen, man muss eigene Erfahrungen draußen sammeln. Es dauert weit mehr als ein Jahr, bis man auch in einer sehr vertrauten Umgebung die meisten Vogelarten entdeckt hat und sie sicher wiedererkennen kann. Selbst nach Jahren bleiben noch Fragen offen und in neue Landschaften muss man sich oft erst einarbeiten.

Durch eigene, oft etwas langwierige und zugegeben auch mühselige Entdeckungen gibt es immer wieder kleine Erfolgserlebnisse.

AUF DEN PUNKT GEBRACHT

Um Vögel zu erkennen und richtig zu identifizieren, helfen

- Fernglas,
- Bestimmungsbuch und Tonträger,
- Internetangebote mit Bildern, Videos und akustischen Wiedergaben,
- gesammelte eigene Erfahrungen,
- Mitgliedschaft in örtlichen Fachgruppen oder überregionale Fachverbänden für Vogelkunde und Vogelschutz

Die eigene Beobachtungspraxis kann sehr viel von Exkursionen und **vogelkundlichen Führungen** profitieren, wie sie Vogelschutzverbände, vogelkundliche Gesellschaften und auch Privatpersonen fast überall anbieten. Durch Mitgliedschaften in Fachorganisationen oder örtlichen vogelkundlichen Arbeitsgemein-schaften kann man im fachlichen Austausch Kenntnisse vertiefen und Anregungen und Tipps erhalten. Auch nach Jahren gibt es noch Neues zu entdecken, da Natur nichts anderes als Dynamik und damit Veränderungen bedeutet. Vogelbeobachtung wird also nie langweilig.

Schützen und bewahren

Der Schutz der Vögel stand am Anfang des Naturschutzes obenan. Vögel waren von jeher Botschafter der Natur. Schon vor fast 170 Jahren erschien in Deutschland der erste Aufsehen erregende Artikel über den Rückgang der Vögel in einer Fachzeitschrift. Heute spielen Vögel im Bemühen, den rapiden Schwund der Artenvielfalt (Biodiversität) anzuhalten oder wenigstens deutlich zu verlangsamen, eine entscheidende Rolle. Sie sind gewissermaßen Kontrollorganismen für den Zustand des Lebens auf unserem Planeten. Umfangreiche Monitoringprogramme arbeiten fast in allen Teilen der Welt daran, Bestände vieler Arten zu überwachen und den Ursachen von Veränderungen auf die Spur zu kommen.

Kleine Erfolge sind durchaus bereits erreicht. Symbolfiguren für aussterbende Arten, wie Wanderfalke, Seeadler oder Kranich, haben von gezielten Artenschutzmaßnahmen profitiert und sind vom Absturz zurückgerissen worden. In der Gegenwart bereiten aber einstmals häufige und weit verbreitete Brutvögel große Sorgen, weil sie in zunehmendem Tempo verschwinden, wie Feldlerche, Braunkehlchen, Gartenrotschwanz, Baumpieper oder Klappergrasmücke. Man rechnet, dass die Menge unserer Landvögel in der Größenordnung von 1 Prozent pro Jahr abnimmt. Der schleichende Schwund wäre unbemerkt geblieben, hätten nicht zahlreiche Vogelbeobachter sich ehrenamtlich an wissenschaftlichen Monitoringprojekten beteiligt.

Den erschreckenden Ergebnissen müssen aber Taten folgen. Die großen **Naturschutz- und Vogelschutzverbände** haben ein großes Paket von Aufgaben übernommen, wie Ankauf und Schutz von wertvollen Gebieten. Sie unterstützen und informieren Fachbehörden des Naturschutzes, die heute auf allen Verwaltungsebenen bestehen. Sie müssen aber auch unmittelbar auf politische Entscheidungsträger einwirken, um weiteren Schaden für Pflanze und Tier so gering wie möglich zu halten. Aber nur Mehrheiten oder zumindest starke Interessengruppen können politische Entscheidungen beeinflussen. Daher liegt der Anfang, Interesse für Pflanze und Tier zu wecken, beim einzelnen Bürger. Jeder Einzelne kann etwas für eine artenreiche Natur tun. Viele Möglichkeiten bieten sich an.

AUF DEN PUNKT GEBRACHT

Jeder kann dazu beitragen, Vögel als wichtige Botschafter der natürlichen Vielfalt zu schützen durch

- rücksichtsvolles Freizeitverhalten in der Natur,
- naturgerechte Gestaltung und Pflege des Gartens,
- Futterstellen und Erhaltung von Nistplätzen im persönlichen Umfeld,
- eigene Fortbildung sowie Information und Erziehung anderer, Mitteilungen an Medien,
- kritische Beteiligung an Diskussionen und Entscheidungen,
- Zusammenschluss mit Gleichgesinnten und
- Mitarbeit in Organisationen des Vogelschutzes,
- Übernahme ehrenamtlicher Aufgaben.

Vögel zu füttern hat schon lange Tradition im Vogelschutz, wurde aber auch oft belächelt. Fütterungen sind heute, da viele Stadtviertel und Gärten extrem nahrungsarm geworden sind, ein wichtiger Beitrag, Engpässe für Gartenvögel zu überbrücken, nicht nur im Winter, sondern etwa auch im Spätsommer, wenn kein Samenangebot auf kurz geschorenem Rasen mehr zur Verfügung steht. Sperlingen, die in manchen Großstädten bereits erheblich abgenommen haben und sogar aus Innenstädten verschwunden sind, kann man so über die Runden helfen. **Nistkästen** können Höhlenbrütern wie Meisen, Kleiber oder Gartenrotschwanz zu Brutgelegenheiten helfen. Noch dringender aber sind Kästen für Mauersegler unterm Dach städtischer Häuser, die in vielen Städten leider so gut wie nirgends zu sehen sind, obwohl die stürmischen Flugjäger als Brutvögel bedrohlich abnehmen. Ganz im Gegenteil: Viele Hausbesitzer fürchten Verschmutzung durch Brutvögel und schließen Lücken unter dem Dach mit Maschendraht oder spicken Dachträger mit den berüchtigten Vogelspikes. Solche vogelfeindlichen Maßnahmen kann man übrigens auch dort entdecken, wo keine der als Schmutzbringer gefürchteten Straßentauben leben. Zum immer noch praktizierten, naturschutzrechtlich aber verbotenen Herunterschlagen von Mehlschwalbennestern ist es dann nicht mehr weit.

Übertriebener Ordnungssinn macht auch **Gärten** immer vogelärmer. Hausmeisterdienste mähen in zweiwöchigem Rhythmus alle Grünflächen, so dass nicht einmal Gräser Samen bilden, von einer bunten Blumenwiese ganz zu schweigen. Hecken werden trotz naturschutzrechtlichen Verbots häufig mitten in der Brutzeit gestutzt und Grünstreifen entlang von Zäunen und Mauern oder am Fuß von Hecken mit Spezialgeräten, zu denen sogar Flammenwerfer zählen, fein säuberlich beseitigt. Bürger verlangen auch von Kommunen, dass öffentliche **Grünflächen** zwischen den Häusern kurz gehalten werden, damit kein Unkraut in die Gärten fliegt. Bisweilen werden in deutschen Erholungsgebieten sogar breite Streifen entlang von Wanderwegen gemäht, um die freizeitliche Fortbewegung nicht zu stören. Hunde werden oft auch in Schutzgebieten nicht an die Leine genommen. **Bäume** werden in Siedlungsgebieten nicht nur aus Sicherheitsgründen umgeschlagen, sondern nachweislich auch weil sie die Aussicht auf den See, das Meer oder die Berge behindern, ihre Blätter und Früchte aufs Dach, auf die Ter-

rasse oder in die Dachrinne fallen oder eine Reinigung des Fußweges erfordern. Kurzum: Es gibt viele Möglichkeiten zu schützen und zu bewahren, sei es auch nur, einmal einen Brennnesselbusch oder einige Löwenzahnpflanzen bis zur Samenreife stehen zu lassen.

Was ist zu tun? Mehr Überlegung vor auch scheinbar harmlosen Eingriffen, die das wertvolle Grün beseitigen und Lebensräume schädigen, und am besten die eher geringfügige Investition in einen wirklich naturnahen Garten mit einer blühenden Wildblumenwiese. Eine sehr ernst zu nehmende Aktion der Heinz-Sielmann-Stiftung bemüht sich durchzusetzen, dass jede Gemeinde auf ihrer Fläche ein **Biotop** aufweist und nicht nur Sportplätze oder Gewerbeparks im Außenbereich.

Worum geht es eigentlich? Der **Naturschutz** hat viele Ziele, die einander auch im Weg stehen können, aber vor allem nicht so leicht vermittelbar sind. Über Sinnkrisen des Naturschutzes wird immer wieder diskutiert. Viele wirkliche Naturfreunde wollen eigentlich nur eine vielfältige und artenreiche Natur erhalten und sie auch nachfolgenden Generationen als ein ganz entscheidendes Stück Lebensqualität weitergeben. Das über Generationen greifende Anliegen der Verantwortung hat auch einen ganz praktischen Aspekt: Regeneration oder Renaturierung ist immer wieder im Gespräch und wird wie selbstverständlich erwartet, im Kleinen wie im Großen. Ein aufgelassener Truppenübungsplatz wird zum wertvollen Biotop, auf einer Rodung oder einem Kahlschlag baut sich eine neue Lebensgemeinschaft Jung- und später Hochwald auf, Renaturierung von Fließgewässern schafft neue Auenvegetation – dies kann nur stattfinden, wenn wenigstens ein Rest von biologischer Vielfalt übrig geblieben ist, die auf verödeten Plätze neues Leben erwecken kann.

QR-Code

Wenn Sie mit einer Scanner-App die QR-Codes im Buch abscannen, steht Ihnen eine Datei mit Lautäußerungen (Gesang und/oder Rufe) der betreffenden Art zur Verfügung. Je nach Ausstattung des eingesetzten Geräts können die Vogelstimmen etwas unterschiedlich klingen. Es empfiehlt sich, die Dateien nicht zu laut abzuspielen, um einen möglichst natürlichen Klangeindruck zu erhalten.

Vögel
im Porträt

Haussperling

Alltagsvogel in Menschennähe

Kein anderer Vogel Europas hat sich so eng dem Menschen angeschlossen wie der »Spatz«. In menschlichen Ballungsräumen und fast überall in Dörfern und Städten sind Spatzen die häufigsten Brutvögel. Sie gelten als »frech« und »schlau«, verhalten sich aber auch sehr vorsichtig und manchmal ausgesprochen scheu. Meist sind sie Mitbewohner im Haus. Aber Modernisierung alter Bausubstanzen, aktuelle Stadtentwicklung, Verstädterung von Dörfern, moderne Agrarsteppen oder übertriebene Garten- und Rasen-»pflege« vernichten viele Nistplätze und Nahrungsräume.

Haussperlinge leben fast immer in Gesellschaft.

Die kleinen Unterschiede

Im Vordergrund sitzen zwei Männchen und ein Weibchen. Die Männchen sind an ihrer typischen ❷ **Kopfzeichnung** leicht zu erkennen: grauer Oberkopf, kastanienbraune Kopfseiten und schwarzer Kehllatz. Bei den ❸ Weibchen ist der Kopf graubraun und meist ein heller Streif über dem Auge zu erkennen. Im Winter ist der schwarze ❹ **Kehllatz** der Männchen oft noch klein. Er wird von grauen Federspitzen verdeckt, die sich bis ins Frühjahr hinein abreiben.

Aktuelle Situation

Noch kann man Haussperlingen fast überall begegnen. Aber Innenstädte ohne Spatzen und großräumiger Rückgang der Bestände in Vor- und Kleinstädten in den letzten Jahrzehnten sind unübersehbar. Nahrungsmangel als Folge der Bauverdichtungen und Bodenversiegelung ist wahrscheinlich eine der Hauptursachen dafür. Auch übertriebene Gartenpflege, in der für Blumenwiesen mit Gräsern bis zur Samenreife kein Platz mehr ist, bringt Haussperlinge im Spätsommer in große Schwierigkeiten. Große Anpassungsfähigkeit an das Umfeld der Menschen kann die Verluste an Lebensgrundlagen für einen Alltagsvogel nicht mehr auffangen.

Winterstimmung

Auch wenn der Schnee nicht zu sehen wäre, signalisiert das Bild Kälte, denn die Sperlinge verbergen im Sitzen ihren Lauf im aufgeplusterten ❶ **Bauchgefieder**, damit über die dünnen Beine weniger Wärme abgegeben wird. Fast das ganze Jahr über sind Haussperlinge in Trupps oder Schwärmen zu sehen, ein Spatz ist so gut wie nie allein unterwegs.

Haussperling, Männchen im Prachtkleid

Sekundenbild

Der ❶ **Schnabel** ist zur Brutzeit schwarz und verrät mit seiner klobigen Form den Samen- und Körnerfresser. Früher spielten Getreide und ländliche Viehhaltung mit Futterresten und Abfall als Nahrungsquellen eine wichtige Rolle, heute sind es Samen von Gräsern, Futterstellen im Garten und organische Abfälle, die Haussperlingen über die Runden helfen.

Der schwarze ❷ **Kehllatz** hat im Frühjahr seine volle Größe erreicht und imponiert den Weibchen bei der Balz. Er signalisiert ihnen einen potenten Partner und damit gute Chancen für viel und vor allem überlebensfähigen Nachwuchs. Die Wahl der Weibchen spielt bei vielen Vögeln die entscheidende Rolle für den Bruterfolg. Der kastanienbraun eingefasste ❸ **Scheitel** beweist, dass Spatzen eben doch nicht alle grau sind.

Haussperlinge sitzen meist etwas geduckt, wenn aber der ❹ **Lauf** fast parallel zum Boden steht, wird der Vogel sich im nächsten Augenblick vom Boden abdrücken und wegfliegen, weil ihm die Situation nicht ganz geheuer ist.

Rückenzeichnung genau betrachtet

Auch bei den Weibchen ist die Oberseite lebhaft gezeichnet, der Kopf allerdings viel schlichter. Die beiden an den Federspitzen hell gesäumten Federreihen auf der Oberseite sind ❺ **Flügeldecken**, die alle Zwischenräume an der Basis der großen Flugfedern abdecken, so dass keine Luft zwischen den Federkielen durchkommt. Der helle ❻ **Streifen über dem Auge** unterscheidet Weibchen von Jungvögeln.

Tischgäste

sind Sperlinge oft, aber nur wenn sie keine schlechten Erfahrungen machen. Weibchen sind in der Regel vorsichtiger als Männchen. Rasches Lernen ist das Erfolgsrezept für eine weltweite Verbreitung, die heute auch Länder umfasst, in die Spatzen vom Menschen eingeführt wurden, wie Amerika, Australien und Neuseeland. Bei einem dauernd in Gesellschaft lebenden Vogel sprechen sich Vorteile und mögliche Gefahren schnell herum. Obwohl das ❼ **Weißbrotstück** reichlich Nahrung verspricht, können Sperlinge vom Kaffeetisch allein nicht leben. Sie ernähren sich zwar überwiegend vegetarisch, aber im Frühjahr und Sommer spielen Kleintiere eine wichtige Rolle als Eiweißlieferanten für das Gedeihen der Nestlinge. Spatzen sind dann eifrig mit Insektenjagd beschäftigt.

Haussperling, Weibchen

Spatzenhaus im Garten

Kolonie werden die Abstände der Nester meist durch das Angebot an geeigneten Strukturen bestimmt. Die Männchen verteidigen nur die unmittelbare Umgebung des Nestes und demonstrieren ihren Anspruch mit Schilpen auf einer exponierten Warte, meistens auf dem Dachgiebel eines Hauses. Ein eigentliches Revier wird nicht verteidigt. Nestbesitzer müssen allerdings aufpassen, dass sich kein fremdes Männchen zu intensiv um ihr Weibchen kümmert. Trotzdem kommt es immer wieder vor, dass unter den Nestlingen auch einzelne Junge eines fremden Vaters großgezogen werden. Seitensprünge mit Folgen sind auch bei anderen Vogelarten nicht außergewöhnlich. Man ist ihnen erst mit Hilfe von DNA-Analysen auf die Spur gekommen. Die ❷ Nesteingänge sind in diesem Spatzenhaus weit genug voneinander entfernt, um jedem Paar einen kleinen Raum zur Verteidigung zuzumessen und Nachbarschaftskonflikte auf das übliche Maß zu beschränken. Der Standort signalisiert außerdem Ruhe. Spatzen sind nämlich gegenüber Störungen am Nest sehr empfindlich. Spatzenbrutplätze an Häusern werden durch Gebäudesanierung und moderne Bauweise weniger. Manchmal versperrt man mögliche Nischen, die für sie in Frage kämen, weil man keinen Schmutz am Haus haben möchte.

Bruthilfe für Sperlinge

Bruthilfen für Sperlinge sind Ausdruck einer neuen Grundhaltung, denn früher wurden Spatzen als Schädlinge der Landwirtschaft von Nistkästen aller Art verbannt. Der spatzensichere Nistkasten spielte sogar im klassischen Vogelschutz eine große Rolle, denn man sah Sperlinge als Schädlinge insbesondere im Getreideanbau. Es hatte aber wohl nie jemand nachgeprüft, ob die von Spatzen am Halm gefressenen Körner überhaupt zu Buche schlagen. Meisen wurden automatisch als nützliche Insektenvertilger angesehen, ebenfalls ohne das genau nachzuprüfen. Den netten Stil dieses Häuschens wissen Spatzen sicherlich nicht zu schätzen, wohl aber die Möglichkeit, in einer ❶ Kolonie brüten zu können. Das ist für die geselligen Spatzen eine wichtige Voraussetzung, um sich auf Dauer anzusiedeln. Versuche, isolierte Einzelsiedlungen zu gründen, haben meistens keinen Erfolg. In einer

Nischen- und Höhlenbrüter

Spatzen sind entweder ausgesprochene Höhlenbrüter und brüten daher in ❷ Nistgelegenheiten mit kleinem Einfluglock. Sie können aber als sogenannte Nischenbrüter auch größere und offene ❸ Hohlräume für eine Nestanlage nutzen. Insgesamt sind Sperlinge mit ihren

Nestern sehr vielseitig. Da werden größere Räume mit Nistmaterial aufgefüllt, aber auch kleine Höhlungen bezogen. Gelegentlich bauen Haussperlinge mit viel Material auch Freinester in Astgabeln oder zwischen Kletterpflanzen an Stämmen und Mauern. Solche Freinester sind kugelförmig und sorgfältig gebaut, wirken aber von außen unordentlich, da das Material nur innen sorgfältig verarbeitet wird. Manchmal quartieren sich Haussperlinge in Nestburgen von Störchen auf dem Dach ein. An Häusern beziehen sie auch leere Mehlschwalbennester (s. S. 124). Manchmal brüten sie sogar im Inneren von Hallen und Gebäuden.

Nesthocker aus dem Nest

Jungen Singvögeln, die vor Kurzem das Nest verlassen haben, kann man von Mai bis Juli fast überall begegnen und meist sicher an Verhalten und Aussehen erkennen. Sie wirken hilflos und schreien oder rufen »jämmerlich«, sollten aber nicht nach Hause zur gut gemeinten Aufzucht mitgenommen werden. Sollte man sie bereits in die Hand genommen haben, kann man sie wieder an den Fundort oder an einen besser geschützten Platz in unmittelbarer Nähe setzen. Entgegen einer immer wieder zu hörenden irrigen Meinung verlassen die fütternden Altvögel ihr Junges nicht, das von einer menschlichen Hand berührt worden ist. Flügge Jungvögel sind nicht etwa kleiner als Altvögel. Manchmal wirken sie eher größer, da ihre ❶ flauschigen Federn noch nicht so glatt am Körper anliegen wie bei Altvögeln. Ein wichtiges Jungvogelkennzeichen ist der ❷ gelbliche Schnabelwinkel, ein Überrest der auffälligen Rachen- und Ge-

sichtszeichnung, die dem Altvogel das zielgerechte Füttern im dunklen Nest erleichtert (s. S. 124). Er ist wie bei vielen Singvögeln, deren Junge alle Nesthocker sind, noch längere Zeit nach dem Ausfliegen sichtbar.

Im Alter von gut 2 Wochen können junge Haussperlinge das Nest verlassen. Sie sind dann meistens auch schon flugfähig und wenige Tage später in der Lage, selbst Nahrung aufzunehmen. Sie werden aber noch bis zu 2 Wochen lang von den Eltern gefüttert. Mit vibrierenden Flügeln und vorgestrecktem Kopf betteln sie die Alten an, die ihnen dann einen Futterbrocken in den geöffneten Schnabel stopfen. Das kann man ab Frühsommer bis in den Herbst hinein nicht selten beobachten. Sobald die Jungen unabhängig geworden sind, bilden sich an günstigen Nahrungsplätzen Jungvogeltrupps, denen sich später auch Altvögel zugesellen.

Die kleinen Unterschiede

Junge Haussperlinge, egal ob Männchen oder Weibchen, ähneln den alten Weibchen, sind aber gelblicher und heller. Ihre Oberseite ist weit weniger lebhaft gezeichnet als bei Altvögeln. Der ❸ helle Streifen über dem Auge (s. S. 15) ist noch undeutlich ausgebildet, der Rücken kaum gemustert. Die ❹ Flügeldecken zeigen noch keine hellen Spitzen, die zusammen helle Streifenmuster bilden. Nach 3–4 Wochen außerhalb des Nestes beginnt die Mauser des Jugendkleides, in der alle Federn ersetzt werden. Dann sind Männchen und Weibchen im ersten Alterskleid schon deutlich zu unterscheiden. Haussperlinge unternehmen 2–3 Bruten im Jahr. Die Brutperiode ist oft erst zwischen Ende August und Mitte September beendet. Spät im Jahr geschlüpfte Junge mausern schneller und legen gemessen an ihrem Lebensalter das erste Alterskleid etwas früher an.

Junger Haussperling, eben flügge

Halmpräsentation

Das Männchen sitzt ❶ ungewöhnlich aufrecht und gestreckt. Die ❷ **Kehlfedern** sind gesträubt. Daraus ist zu schließen, dass dieses Spatzenmännchen erregt ist und sich wahrscheinlich im Augenblick weniger mit dem Bau eines Nestes beschäftigt, sondern an einem Weibchen interessiert ist. Mit der Präsentation von trockenen Halmen machen Männchen interessierte Weibchen auf einen Nistplatz aufmerksam. Sie bieten den Weibchen zunächst einmal symbolisch einen Platz an. Das Weibchen wählt bei einer Neuverpaarung mit dem Männchen den endgültigen Nistplatz aus. Die Paare gehen in der Regel eine Dauerverbindung ein, und oft wird an dem einmal gewählten Brutplatz festgehalten. Nach dem Tode eines Partners wählt der überlebende einen Nachfolger meist aus dem Bestand der unverpaarten Nichtbrüter, die zum Spatzenschwarm der Umgebung gehören. Unverpaarte Haussperlinge versuchen nicht selten schon im Herbst einen Partner zu finden. Die meisten Paare bilden sich aber im Frühjahr am zukünftigen Nistplatz.

Bei der Balz dient die ❸ **Halmpräsentation** als Beschwichtigungsgeste, die das Weibchen geneigt machen soll. Das ledige Männchen hat meist schon mit dem Bau des Nestes begonnen, das es dann dem Weibchen anbietet. Danach bauen die Partner gemeinsam weiter. Nach fester Paarbildung wird die Innenausstattung erledigt. Manche Nester bleiben halbfertig und werden dann als Schlafnester benutzt. An einem Sperlingsbrutplatz kann also den ganzen Sommer über irgendwo gebaut werden.

Wenn es dann mit der Paarung ernst wird, übergibt das Männchen dem Weibchen statt Nistmaterial auch häufig Futter. Weibchen vor der Eiablage zu füttern, ist bei vielen Vögeln üblich, nicht nur als Versuch der Annäherung oder Verführung. Wahrscheinlich helfen diese Futtergaben, die man bisher meist als reines Balzfüttern betrachtet hat, dem Weibchen auch, den enormen Energieverbrauch bei der Bildung der Eier besser ausgleichen zu können.

Nestbau

Lange trockene Halme sind wichtiges Baumaterial. Sie hängen als Material für den Außenbau oft aus Brutnischen heraus – typisch für Sperlingsnester, aber ärgerlich für besonders penible Hausbesitzer, die eine Verschmutzung ihrer Fassade befürchten.

Zu Beginn platziert vor allem das Männchen oft an verschiedenen Stellen Halme, ehe sich das Paar entschieden hat. Die Nestmulde im Inneren ist mit feinerem Material ausgekleidet. Alte Nester werden nach Säuberung für Folgebruten im gleichen Sommer oder ausgebessert für neue Bruten im kommenden Jahr wieder benutzt.

Haussperling, Männchen präsentiert Nistmaterial

Gefiederpflege

Haussperlinge baden zu allen Jahreszeiten gerne, nicht nur im Wasser, sondern auch im Staub. Vor allem Sonnenschein regt zum Bad an. Wenn sich die Gelegenheit bietet, wechseln Wasser- und Staubbäder ab. Die Badebewegungen sind im Wasser und Sand genau gleich. Der ❶ **Kopf** taucht ein und dreht sich schnell hin und her. Das Brustgefieder und der nach unten gedrückte Schwanz werden ins Wasser oder in den Sand eingetaucht. Heftige ❹ **Flügelbewegungen** verteilen Sand wie Wasser über das gesamte Rückengefieder. Nach einigen Minuten ist das Bad beendet. Heftige Flügelschläge entfernen Wasser oder Sand wieder aus dem Gefieder.

Staubbäder haben nichts mit dem sprichwörtlichen »Dreckspatz« zu tun, sondern mit Hygiene und Gefiederpflege. Denn Staub, ins aufgeplusterte Gefieder gebracht, beseitigt bei heftigem Schütteln klebrige Schmutzreste und sorgt damit für die Pflege der empfindlichen Federstruktur. Außerdem vermutet man, dass ein intensives Staubbad auch gegen Parasiten auf der Haut und in den Federn wirkt. Staub- und Wasserbäder regen zum Mitmachen an und sind daher auch soziale Veranstaltungen.

Verdauungshilfe

Vögel haben keine Zähne. Das, was der Schnabel nicht zerkleinern kann, wird im Ganzen hinuntergeschluckt. Bei Körnerfressern hat der muskulöse Magen daher teilweise die Aufgabe übernommen, hartschalige Früchte und Samen aufzubrechen, um sie für die chemische Verdauung vorzubereiten. Diese Magenarbeit kann durch mechanisch widerstandsfähige Teilchen unterstützt werden. Ideal dafür sind kleine Körnchen Quarzsand. Im Magen von Haussperlingen fand man Hunderte von Mineralienpartikeln, etwa Sandkörner und Backsteinteilchen. Sie werden verschluckt, um als Magensteinchen die Zerkleinerung und Verdauung der unzerkauten Nahrung zu fördern. Haussperlinge sieht man daher nicht nur im Sand herumhüpfen, sondern auch kleine Steinchen aufnehmen oder an etwas abblätternden Mauern herumpicken. Die Magensteinchen bleiben nur einige Tage im Magen und müssen immer wieder ersetzt werden.

Flügelbau

Die Flügelfläche aller Vögel besteht zum größten Teil aus 2 Reihen großer Flügelfedern, die man als Schwungfedern oder Schwingen bezeichnet.
Den inneren Teil zum Körper hin bilden die ❷ **Armschwingen**, die an den Armknochen sitzen und meist ein breiteres Ende aufweisen. Der Spitzenabschnitt wird von den nach außen zunehmend längeren und schmaleren ❸ **Handschwingen** geformt, die an den Handknochen sitzen und beim Fliegen besonders beansprucht werden. Der Flügel kann mit dieser Konstruktion je nach Bedarf gefaltet werden und unterschiedliche Formen annehmen.

Haussperling beim Sandbad

Feldsperling

Der kleinere Verwandte vom Land

Der Name deutet es an: Dorfränder, Feldgehölze, Heckenlandschaften, Waldränder oder Gartensiedlungen sind die wichtigsten Brutgebiete der anderen bei uns verbreiteten Sperlingsart. Aber die Agrarlandschaft hat ihr Gesicht grundlegend verändert. Eine langfristige Abnahme der Feldsperlinge ist die Folge. In manchen Gegenden sind sie neuerdings in die Randzonen von Städten eingewandert. Ob diese Entwicklung Erfolg hat, bleibt abzuwarten. Immerhin: Feldsperlinge können durchaus in Städten leben, wenn ihnen Haussperlinge nicht den Platz streitig machen.

Feldsperling nah gesehen

Die kleinen Unterschiede

Feldsperlinge sind im Gesamteindruck Haussperlingen sehr ähnlich, wirken aber etwas kleiner und schlanker. Auch ist der ❶ Schnabel nicht so klobig (s. S. 15). Als Samenverzehrer sind Feldsperlinge mehr auf Wildkräuter angewiesen, Getreidekörner bevorzugen sie im milchreifen Stadium am Halm. Vor allem im Sommerhalbjahr spielen Kleintiere eine größere Rolle in der Ernährung als bei Haussperlingen. Die wichtigsten Artkennzeichen sitzen am Kopf, der mit einem schmalen weißlichen ❷ Halsband vom Rücken abgesetzt ist. Der ❸ Oberkopf ist einheitlich braun, in den weißen Kopfseiten sitzt ein schwarzer ❹ Backenfleck, der schwarze Kehllatz ist kleiner als beim Haussperling.

Oberseite genau betrachtet

Die schwarz und braun gefärbten Federn bilden wie beim Haussperling ein lebhaftes Muster. Die ❺ Hand- und Armschwingen (s. S. 19) sind zusammengelegt und überdecken einander. Im vorderen Flügelabschnitt fällt ein ❻ vorderes kräftiges und ein hinteres schwächeres helles Band auf, gebildet aus den hellen Endsäumen von 2 Federreihen, die als Flügeldecken (s. S. 15) über den großen Schwungfedern liegen.

Feldsperlinge auf einer Nahrungspflanze

noch in Größe und Gestalt voneinander zu unterscheiden. Als ausgesprochene Höhlenbrüter legen sie ihre Nester in Spechthöhlen, ausgefaulten Asthöhlen, Kopfweiden, aber auch in Kolonien von Uferschwalben (s. S 126) an. Mittlerweile versuchen sie auch, in technischen Bauten oder Häusern geeigneten Unterschlupf zu finden. Aber sie haben sich bei uns im Unterschied zu den Megastädten im östlichen Asien noch nicht als »Haus«-Sperlinge durchsetzen können. Wahrscheinlich ist ihnen der kräftigere und größere Verwandte ein zu starker Konkurrent.

Nester in Baumhöhlen, wie in einem ❺ ausgefaulten Astloch, sind heute eher die Ausnahme. Ein heraushängender ❻ Faden vom Nestmaterial ist auch beim Feldsperling typisch für »schlampige« Spatzennester. Baumhöhlen waren aber auch von Natur aus nie sehr dicht gesät. Daher brüten Feldsperlingspaare häufiger als Haussperlinge allein für sich, ziehen aber, wenn möglich, Nester in einer kleinen Kolonie vor.

Beobachtungstipps

Feldsperlinge leben bei uns nach wie vor in ländlicher Umgebung. ❶ Samentragende Pflanzen verschiedenster Arten in etwas verwilderten Ecken und Winkeln locken sie an. An sommerlichen Kaffeetischen sieht man sie dagegen kaum einmal, denn sie sind wesentlich scheuer als Haussperlinge. Die untrüglichen ❷ **Artmerkmale am Kopf,** vor allem die schwarzen Wangenflecken auf weißem Grund, sind auch aus größerer Entfernung gut zu erkennen. Die ❸ **Deckfedern** der Flügel geraten bei Bewegungen zwischen den Zweigen der Nahrungspflanzen nicht selten etwas durcheinander. Die weißen Flügelbinden sind daher als Artkennzeichen nicht immer verlässlich.

Wie Haussperlinge leben auch Feldsperlinge gern gesellig. Gelegentlich mischen sie sich unter Haussperlinge. Am Futterhaus sind sie zwar deutlich seltener, aber durchaus regelmäßig, wenn sie einen günstigen Platz entdeckt haben. Sie können sich dort auch recht gut gegen Haussperlinge durchsetzen. Man muss also manchmal schon genau hinsehen, wenn man Spatzen zählen will.

Natürliche Bruthöhle

Das ❹ Feldsperlingspaar am Nest verrät einen weiteren Unterschied zum Haussperling: Männchen und Weibchen tragen das gleiche Kleid und sind weder am Federkleid

Feldsperlingspaar an einer natürlichen Bruthöhle

Feldsperlinge brauchen Nistkästen.

④ Vorderwand, die locker eingesetzt ist. Man kann sie für Kontrollen und zur Säuberung des Kastens umklappen oder herausziehen. Der Vorbau schützt auch vor Regenwasser und macht es Nesträubern schwerer, ins Innere zu gelangen. Feldsperlinge brauchen ⑤ keine Sitzstange vor dem Nesteingang.

Große Nistkästen benutzen sie außerhalb der Brutzeit auch einzeln oder zu mehreren als Schlafplätze. Wenn mehrere Nistkästen, etwa in einer Kleingartenkolonie, in geringen Abständen zueinander aufgehängt oder an Stangen angebracht werden, kann es vorkommen, dass sich mehrere Paare in Sichtweite voneinander ansiedeln und die Nistkästen damit zu einem dauerhaft besetzten Brutplatz werden.

Zahlen für Heimwerker

Die Brettstärke für ⑥ Seitenwände und das Dach sollte etwa 2 cm betragen. Für die Dachfläche werden 19 x 25 cm, für die Bodenfläche 12 x 13 cm empfohlen. Die Rückwand ist 16 cm breit und 28,5 cm hoch, die Seitenwand 15 cm breit und vorne 26, hinten 28 cm hoch. Die Vorderwand mit dem Flugloch sollte in der Breite mit einer kleinen Minus-Toleranz zugeschnitten werden, damit sie auch beim Verquellen herausgenommen oder gekippt werden kann. Der Durchmesser des Fluglochs muss für Feldsperlinge 3,2–3,4 cm betragen. Wenn er deutlich größer ist und eine Sitzstange davor angebracht wird, kann auch ein Star als Bewohner erwartet werden. Viele Nistkastentypen sind auf dem Markt erhältlich. Die Zahlen können daher nicht nur für Bastler, sondern auch als Richtwerte beim Kauf nützlich sein.

Stabiler Nistkasten

Ein Nistkasten für Feldsperlinge wäre vor einigen Jahrzehnten in einem Vogelbuch nicht erwähnt worden, denn früher galten Feldsperlinge als Getreideschädlinge und waren als Nistkastenbewohner daher ebenso unbeliebt wie Haussperlinge. Da auch Feldsperlinge etwas größer sind als Meisen, hatte man es leicht, Nistkästen mit kleinem Flugloch »spatzensicher« nur für die nützlichen Meisen anzubieten. Das hat sich glücklicherweise geändert. Stabile Nistkästen aus Holz sollten aus

① unbehandelten **Nadelholzbrettern** gebaut sein. Um Fäulnis durch Regenwasser vorzubeugen, ist das schräge Dach mit ② **Dachpappe** verkleidet. Das Dach steht vor, um zu verhindern, dass Regenwasser an den Seiten hinunterläuft und durch das Flugloch ins Innere gelangt. Der herkömmliche Rat, Kästen so aufzuhängen, dass das Flugloch an der von Regenfällen abgewandten Seite liegt, hat angesichts der vielen Sommergewitter wohl kaum mehr Bedeutung. Der starke ③ Vorbau um das Einflugloch bietet Halt für die

Goldammer

Ausdauernder Sänger in Gelb

Der einprägsame Gesang der Goldammer war fester Bestandteil der traditionellen Agrarlandschaft. Auf den heutigen industriellen Produktionsflächen für Getreide, Milch, Fleisch oder Biogas ist er verstummt. In vielen offenen und halboffenen Landschaften bis hinein in lichte Wälder, in Jungfichtenbeständen oder um Dörfer, die ländlichen Charakter bewahrt haben, leben Goldammern aber noch regelmäßig. Sie sind das ganze Jahr über zu sehen, doch kommen sie mit der zunehmenden Intensivierung in der Landnutzung schwer zurecht. In die Stadt kommen Goldammern höchstens in Randgebiete.

Singendes Goldammermännchen

Reviermarkierung und Gesangsdialekte

Männliche Goldammern haben einen ❶ **kanariengelben Kopf** mit feiner schwarzer Zeichnung. Aber nicht immer kann man sicher sein, dieses auffällige Merkmal zu sehen, etwa wenn der Vogel vom Boden oder aus einem Busch wegfliegt. In solchen Fällen ist der ❷ **rotbraune Bürzel** ein unverwechselbares Artkennzeichen. Kein anderer heimischer Vogel ist an dieser Stelle so gefärbt. Singende Goldammern reißen ihren ❸ Schnabel weit auf. Ihr einfaches Lied besteht aus einer Reihe hoher, kurzer Töne, deren letzter gedehnt wird. Er liegt auf gleicher Höhe wie die übrigen, kann aber auch etwas tiefer oder auch höher gesungen werden. Goldammern verschiedener Brutgebiete singen das Strophenende nämlich unterschiedlich. Vom Gesang der Goldammern sind nicht nur verschiedene lokale Varianten, sondern auch großräumige Dialekte bekannt.

Das Männchen verteidigt mit seinem Gesang sein Revier und hält damit das Paar zusammen. Seinen Gesang hört man daher auch noch bis in den Sommer hinein, wenn im Nest längst Junge sind. Die Singwarte, exponiert in einem ❹ Busch oder auch auf einer niedrigen Überlandleitung, und der Neststandort sind die zentralen Orte im Revier.

Die kleinen Unterschiede

Goldammerweibchen sind recht unscheinbar und nicht leicht zu erkennen. Ein bisschen Gelb ist an ❶ Brust und ❷ Kopf zu sehen, aber das ist gar kein Vergleich mit den Männchen im Prachtkleid. Oft ist die Gelbfärbung flüchtig betrachtet kaum zu erkennen, vielmehr wirkt der Vogel grünlich grau. Hier ist dann der rotbraune Bürzel (s. S. 23) das untrügliche Artkennzeichen, auf das man achten muss. Ein Weibchen mit Futter bleibt nicht lange sitzen, auch wenn man ihm nicht zu nahe kommt. Vögel im Spätfrühling oder Sommer mit Futter im Schnabel bedeuten so gut wie immer, dass irgendwo Junge versorgt werden müssen. Störungen sollte man also auf alle Fälle vermeiden.

Vielfältige Nahrung

Im Sommer leben Goldammern großenteils von Kleintieren. Für die Ernährung der Nestlinge kommen vor allem ❸ Insektenlarven, z.B. kleine Schmetterlingsraupen, in Betracht. Wenn die Jungen noch klein sind, bringt das Männchen Futter, das vom Weibchen an die Nestlinge verfüttert wird. Später beteiligen sich beide Geschlechter an der Fütterung. Kleine Insekten werden meistens als Bündel ans Nest gebracht, ❸ größere Insekten einzeln.

Meist unternimmt ein Goldammerpaar 2 Bruten im Jahr. Die Jungen werden frühestens eineinhalb Wochen nach dem Verlassen des Nestes selbständig. Wenn das Weibchen schon mit der nächsten Brut beschäftigt ist, übernimmt das Männchen die restliche Betreuungsphase der noch nicht selbständigen Jungen der ersten Brut.
Zur Insektennahrung kommen im

Goldammer, Junge fütterndes Weibchen

Spätsommer und Herbst Sämereien verschiedener Gräser und Wildkräuter. Der Speisezettel von Goldammern ist außerordentlich reichhaltig und basiert auf einem vielfältigen Angebot. Die Nahrungssuche auf modernen Agrarflächen mit geringer Dichte an Insekten und Wildkräutern lohnt sich für die Vögel kaum noch, auch wenn die Nahrungssuche grundsätzlich nicht nur innerhalb des durch den Gesang abgegrenzten Reviers stattfindet. Im Herbst und Winter kommen Goldammern oft an den Rand menschlicher Siedlungen und auch regelmäßig an Futterstellen.

Nest am Boden und im Busch

Der Nestplatz wird in der Regel vom Weibchen ausgewählt. Die Nester der ersten Brut sind meist am Boden, vor allem an kleinen Böschungen versteckt. Später im Jahr, wenn zur Zeit der Zweitbrut die Vegetation höher gewachsen ist, befinden sich die meisten Nester bodennah in Büschen. Besonders beliebte Brutplätze sind ❹ Dornbüsche in der Feldflur. Lichte Wälder waren wohl der ursprüngliche Lebensraum. Eine mosaikartige Landschaft mit Hecken und Feldgehölzen bot der Goldammer neue Brutgelegenheiten und Nahrung. All das ist jetzt mit dem Rückgang der traditionellen Kulturlandschaft auf großen Flächen verschwunden.
Immerhin schätzt man über 1 Million Brutpaare, die noch in Deutschland brüten.

Bestimmungsübung

Vogelschwärme sind oft sehr unstet und reagieren sensibel auf mögliche Gefahren. Oft ist ein Individuum im Schwarm besonders vorsichtig, vielleicht auch nur etwas schreckhafter als die anderen, und erkennt die mögliche Gefahr eher als andere Schwarmmitglieder. Fliegt ein Vogel hastig auf, folgen ihm die übrigen ohne Zögern, auch wenn sie eine mögliche Gefahr gar nicht erkannt haben oder einer anderen Art angehören. Die Orientierung am Verhalten eines nahe sitzenden Artgenossen ist ein grundlegendes Verhaltensmuster im Schwarm. Oft sind die ersten Ausreißer diejenigen, die der möglichen Gefahrenquelle am nächsten sitzen und dann eine Fluchtwelle auslösen.

Der Vogelbeobachter muss sich also rasch entscheiden, wenn er die Schwarmmitglieder der Art nach bestimmen oder die Größe einer Vogelansammlung ermitteln will. In diesem Fall ist diese Aufgabe leicht zu lösen. Man sieht 11 Vögel, davon 8 mit dem charakteristischen **①** rotbraunen Bürzel, demnach also wohl alles Goldammern. Mindestens 5 der Vögel sind **②** Männchen, bei den anderen ist der Kopf nicht eindeutig zu sehen. Um **③** Weibchen dürfte es sich bei zwei Vögeln handeln. Selbst die **④** beiden Vögel ganz hinten außerhalb des optimalen Schärfentiefebereichs kann man, wenn man die Farbmerkmale der Art sicher kennt, noch als Goldammern bestimmen.

Schwarmbildung: Vor- und Nachteile

Offenbar sind **⑤** Körner vom Wagen gefallen oder ein Kornsack ist geplatzt. Goldammern, deren Männchen vor und während der Brutzeit konsequent Reviere um Nest und Weibchen verteidigen, scharen sich außerhalb der Brutperiode zu Schwärmen zusammen, die sich an Plätzen mit ergiebigem Nahrungsangebot oder am Schlafplatz sammeln. Der Zusammenhalt ist jedoch meist nur locker. Der Vorteil der Schwarmbildung: Mehr Augen entdecken eine günstige Gelegenheit, wie hier ein zufälliges Nahrungsangebot, aller Wahrscheinlichkeit nach eher als ein einzelner Vogel. Dazu kommt noch die höhere individuelle Sicherheit. Der einzelne Vogel muss weniger Zeit in Wachsamkeit investieren und kann sich mehr der Nahrungsaufnahme widmen. Bei zu hoher Dichte der Schwarmmitglieder geht aber Zeit und Energie mit wachsender Zahl von Auseinandersetzungen mit benachbarten Vögeln verloren. Die Goldammern halten daher einen relativ hohen **⑥** Individualabstand (s. S. 125) ein, der aber wiederum nicht so groß sein darf, dass die Vorteile höherer Sicherheit des Einzelnen verloren gehen.

Viele hungrige Schnäbel brauchen auch viel Nahrung. Die Nahrungsquelle ist umso eher erschöpft, je mehr Individuen von ihr nehmen. Wenn das Angebot so weit ausgedünnt ist, dass nur noch mit einem hohen individuellen Aufwand etwas für jeden abfällt, wird der Schwarm kleiner, fällt auseinander oder bricht zur Suche einer neuen Nahrungsquelle auf.

Winterlicher Goldammerschwarm

Grünfink

Häufig in Dorf und Stadt, doch oft übersehen

Grünfinken, oft auch als Grünlinge bezeichnet, haben wohl erst seit etwa 150 Jahren die Stadt als Lebensraum entdeckt. An manchen Futterstellen sind sie im Winter die regelmäßigsten Besucher. Oft werden die schlicht gefärbten Weibchen mit Haussperlingen verwechselt. Die prächtigen Männchen lassen ihren klingenden Gesang, der teilweise an die Strophen von Kanarienvögel erinnert, schon ab dem Spätwinter von hohen Parkbäumen aus hören oder tragen ihn in einem etwas taumelnden Singflug vor. Der Bestand der Grünfinken hat langfristig zugenommen, neuerdings aber werden Rückgänge gemeldet.

Grünfink, Männchen

Artkennzeichen

Grünfinken sind nur unwesentlich größer als Haussperlinge, wirken kompakt und haben einen dicken Kopf. Der helle ❶ **Schnabel** ist kräftiger als etwa der des Haussperlings und in allen Kleidern ein gutes Kennzeichen. Er dient Grünfinken nicht nur dazu, Körner zu knacken und zu schälen, sondern auch Früchte zu zerlegen oder Knospen abzubeißen. Im Vergleich zu den meisten anderen Finken bevorzugen Grünfinken größere Nahrungsobjekte, im Herbst zeigen sie große Vorliebe für Hagebutten.

Sie können aber für die Nahrung der Nestlinge in den ersten Entwicklungsstadien auch kleine Blattläuse mit dem mächtigen Schnabel auflesen, der sich als vielseitiges Werkzeug einsetzen lässt.
Für das Männchen ist das auffälligste Merkmal das intensive ❷ Gelb an den **Handschwingen**, das sich fast über den gesamten Flügelrand von der Schulter bis nach hinten zieht. Im Abfliegen fällt auch an den Seiten des Schwanzes eine ❸ gelbgrüne Färbung auf. Das Schwanzende ist ❹ tief gekerbt, ein Merkmal, an dem man den

Grünling auch im Gegenlicht gut vom ebenfalls kompakten Haussperling unterscheiden kann. Die Kopfseiten heben sich in vornehmem ❺ Grau von den grünlichen Gesichts-, Brust- und Rückenfedern ab. Der ❻ Bauch ist davon wieder gelbgrün abgesetzt.

Die kleinen Unterschiede

Von Grünfinkenweibchen darf man trotz des Namens wenig Grün erwarten. Ihr Federkleid ist überwiegend grau überzogen. Auf dem Rücken und im Gesicht schimmert ein wenig Olivgrün durch. Im Gewimmel an einer Futterstelle, wenn Grünfinken zwischen Haussperlingen sitzen, ist die Grünfärbung als Artmerkmal aber schwer zu erkennen. Untrügliches Kennzeichen ist an den zusammengelegten Handschwingen, die den unteren Flügelrand bilden, das ❶ gelbgrüne Abzeichen, beim Weibchen allerdings kleiner und viel weniger auffällig als beim Männchen. Auch der kräftige helle und nahezu kegelförmige ❸ **Schnabel** lässt sich bei einiger Übung sicher von dem eines Haussperlings unterscheiden. Sieht man genau hin, lässt sich auch im Sitzen die ❷ tiefe Kerbe am Hinterrand des Schwanzes erkennen, die Haussperlingen fehlt. Aber ein Merkmal allein reicht oft nicht zur sicheren Bestimmung aus. Schwanzfedern können z. B. zerrupft oder abgenutzt sein, die eine oder andere ist vielleicht bei einem kleinen Unfall oder in der beginnenden Mauser ausgefallen.

Grünfink, Weibchen

Hygienische Futterstelle

Ein romantisch anmutendes und mehr oder minder naturnah und landschaftsgerecht gebasteltes Futterhäuschen mag passender erscheinen als eine ❹ Plastikröhre. Aber der einer vorstädtischen oder dörflichen »Bauordnung« oder naturromantischen Vorstellungen nicht entsprechende **Futterspender** hat einen grundlegend wichtigen Vorteil: Das Futter ist rundum vor Regen und Schnee geschützt, rutscht je nach Bedarf nach und kann vor allem nicht vom Kot der sich um das Futter drängelnden Vögel beschmutzt werden. Das wiederum verhindert die Übertragung ansteckender Krankheiten, wie Trichomoniasis, der immer wieder gefiederte Futterplatzbesucher zum Opfer fallen. Grünfinken erwischt es dabei besonders oft, da sie in der Regel lange am Futterhaus sitzen und sich gemütlich durch das Futterangebot fressen. Meisen dagegen holen meist nur ein Korn, das sie dann an einem Ast mit den Zehen auf die Unterlage gedrückt aufhacken oder in ein Vorratslager tragen (s. S. 63). Sie stecken sich durch den kurzen Kontakt mit einer möglicherweise infizierten Futterstelle daher nicht so leicht an. Offensichtliche Infektionen durch den Kontakt zu Futterstellen haben bei Grünfinken in mehreren Wintern über erstaunlich große Gebiete zu deutlichen Bestandseinbrüchen geführt. Die Zusammenhänge sind zwar noch nicht eindeutig geklärt, aber eine auffallende Häufung von toten und sterbenden Grünfinken oder auch Erlenzeisigen an Futterstellen wurde wiederholt beobachtet.

Die Reinigung einer Futterstelle wird von Fachleuten des Vogelschutzes daher empfohlen. Der moderne Futterspender macht Reinigungsarbeiten weitgehend überflüssig. Auch werden keine Mäuse durch heruntergefallenes Futter angelockt. Andererseits: Die wohldosierten Futtergaben sind jeweils nur für wenige Besucher zugänglich. Und viele Futterspender aufzuhängen, ist schlichtweg auch eine Kostenfrage.

Unübersichtliche Verhältnisse

Im Frühling sind Grünfinken an Futterstellen oft ganz unvermittelt verschwunden. Singende Männchen hört man dann zwar überall, doch meist nur hoch aus Bäumen oder von der Dachantenne. Gelegentlich sieht man sie auch im taumelnden Singflug. Grünfinken besetzen und verteidigen Reviere ums Nest, suchen aber oft außerhalb ihre Nahrung. Daher können auch mehrere Nester verhältnismäßig nahe beieinander stehen. Fast immer sind die Nester aber gut versteckt, in hohen Bäumen und Sträuchern, oft in Kletterpflanzen an Hausmauern und Baumstämmen, früh im Jahr auch in Nadelbäumen und immergrünen Gartenhecken. In der Stadt kann man Nester auch auf Balkonen und in Blumenkästen entdecken. Doch wann und wo Grünfinken brüten, ist oft nicht leicht zu ermitteln. Meistens unternimmt ein Paar 2 Bruten hintereinander, manchmal sind es sogar 3. Nachdem sie das Nest verlassen haben, werden junge Grünfinken noch etwa 2 Wochen von den Eltern betreut, zumindest vom Männchen. Nach der ersten Brut legt nämlich das Weibchen während dieser Zeit nicht selten schon die Eier für die folgende Zweitbrut. Außerhalb der Brutzeit leben Grünfinken gesellig. Oft sind es zunächst Familientrupps. In den Herbst hinein bilden sich auch größere Schwärme, die bei entsprechendem Nahrungsangebot zu größeren Verbänden anwachsen und gelegentlich auch mit anderen Finken locker vergesellschaften. Grünfinken sind vor allem in städtischen Lebensräumen so gut wie immer irgendwo zu hören, aber im Vergleich zu Haussperlingen nicht stets am selben Platz, sondern

Grünfink, Weibchen

eher mal da, mal dort. Manche ziehen auch nach Südwesten ab, andere kommen als Durchzügler und Wintergäste. Die geografische Reichweite von Grünfinken, die in Deutschland beringt wurden oder als auswärts beringte in Deutschland gefunden wurden, reicht vom Norden Skandinaviens bis zur Südspitze Spaniens.

Jungvögel

Eben flügge gewordene junge Grünfinken sind nicht leicht zu sehen, dafür aber gut zu hören. Wie viele junge Singvögel halten sie sich versteckt, meist in Zweigen hoher Bäume, machen aber akustisch auf sich aufmerksam. Die weit hörbaren Bettelrufe, wiederholte »djüi djü«, sind meist ab Anfang Mai zu hören. Die ständigen Rufe fordern die Altvögel zur Fütterung auf, geben aber auch den Standort der hungrigen Jungen an. ❶ Frisch ausgeflogene Grünfinken sind nicht grün, sondern eher grau, an den Flanken mehr oder minder deutlich dunkel gestreift. Von der tiefen Schwanzkerbe ist nichts zu sehen, da die ❷ Schwanzfedern noch nicht voll ausgewachsen sind. Aber der typische ❸ Grünfinkenschnabel erleichtert die Artbestimmung und der helle ❹ Schnabelwinkel ist zumindest in den ersten Tagen nach dem Ausfliegen noch zu erkennen.

Buchfink

Überall wo Bäume stehen

Neben der Amsel ist der Buchfink der häufigste Brutvogel Deutschlands. Der Name Fink ist eine lautmalerische Wiedergabe eines typischen Rufes, der mit »pink« wiedergegeben wird. Er wurde Familienbezeichnung für alle Finkenverwandte. Da Bucheckern seit alters als eine wichtige Nahrungsgrundlage im Herbst bekannt sind, wurde auch die Buche Namenspate. In Wäldern, Parks, Gärten, kleinen Gehölzen, Alleen und sogar einzelstehenden Bäumen können die in ihrer Nahrung sehr vielseitigen Buchfinken leben. Ihr Bestand hat langfristig zugenommen und sich neuerdings gut gehalten.

Finkenschlag im Frühling

Ab Februar/März ist der unverwechselbare schmetternde Gesang der Buchfinkenmännchen überall zu hören. Er wird mit einem alten Begriff aus der Stubenvogelhaltung als Schlag bezeichnet. Das Finkenmanöver im Harz bezeichnet einen Gesangswettbewerb von in Käfigen gehaltenen Buchfinken. Es wurde als altes Brauchtum von der UNESCO in die Repräsentative Liste des immateriellen Kulturerbes der Menschheit aufgenommen, stößt jedoch auf naturschutzrechtliche Bedenken.

Das Männchen im Prachtkleid ist leicht zu erkennen. **❶ Scheitel** und Nacken heben sich blaugrau von den rostroten Kopfseiten ab. Der **❷ Schnabel** ist im Prachtkleid ebenfalls bläulich grau. Ein

Buchfink, singendes Männchen

wichtiges Kennzeichen, das auch über größere Entfernung jeden Buchfinken verrät, sind die beiden breiten **❸** weißen Flügelbinden.

Graue Weibchen

Die grauen Weibchen könnte man mit Haussperlingen verwechseln. Doch **❹ weiße Marken** im Flügel, davon mindestens ein breiter weißer Streifen, erleichtern die Unterscheidung. Der **❺** Kopf von Buchfinken ist kleiner als bei Sperlingen, der **❻** Schnabel deutlich schlanker.

Buchfink, Weibchen

Buchfink, Männchen im Prachtkleid

Zu Tisch gebeten

Nicht nur Spatzen besuchen gelegentlich einen Kaffeetisch. Buchfinken können sogar zutraulicher werden, da sie meist weniger schreckhaft reagieren als Haussperlinge. Auch wenn die Deckfedern auf dem Flügel etwas zerrupft sind, so zeigt das Männchen auf dem Kaffeetisch sein Prachtkleid wie auf dem Präsentierteller: ❶ stahlblauer Schnabel, ❷ grauer Oberkopf und Nacken, ❸ kastanienbrauner Rücken, ❹ graugrüner Bürzel, ❺ 2 weiße Flügelbinden.

Typische Bewegungsmuster

Buchfinken lesen ihre Samennahrung fast nur vom Boden auf. Man kann Buchfinken schon an der Bewegung gut erkennen. Auf ebenem Grund laufen sie im »Polkaschritt«: Der hintere Fuß hebt ab, kurz bevor der vordere wieder auf dem Boden aufsetzt. Beide Füße sind nur sehr kurz gleichzeitig in der Luft. Haussperlinge dagegen hüpfen beidbeinig auch auf völlig ebenem Untergrund. An Futterstellen kümmern sich Buchfinken vor allem um das auf den Boden gefallene Futter.

Gut getarntes Nest

Buchfinkennester stehen in einer Astgabel oder auf einem Ast meist hoch in Bäumen, oft auch etwas tiefer in Büschen, fast immer gut versteckt. Die Wandung des sorgfältig gebauten ❻ **Napfes** ist aus mehreren Schichten zusammengesetzt. Die tragende Wand besteht aus Moos, das nach innen zunehmend durch Gras ersetzt wird. Die Nestmulde ist mit feinen Halmen, Wurzeln, Federn und Tierhaaren ausgekleidet. Außen ist das Nest mit Flechten oder Spinnenfäden verkleidet. Dadurch ist es so hervorragend getarnt, dass es oft wie eine Verdickung der Astgabel oder ein mit Flechten besetzter Aststumpf aussieht. Buchfinkennester sind schwer zu entdecken.

Bis über 2 Wochen benötigt das Weibchen für diesen Bau, den es allein ausführt. Anschließend be-brütet es auch die Eier allein. Wenn man einen günstigen Blickwinkel findet, kann man es von unten im ❼ Nest sitzen sehen. Das Männchen schmettert in dieser Zeit seinen Gesang, bewacht das Revier und sorgt dafür, dass kein anderes Männchen seinem Weibchen zu nahe kommt. Bei der Fütterung der Jungen beteiligt es sich aber wieder, denn jetzt sind auch die anderen Männchen der Umgebung mit dem Nachwuchs beschäftigt, und die Gefahr von Übergriffen und Eindringlingen in fremde Reviere ist gering.

Buchfink, brütendes Weibchen

Herausforderung: gemischte Vogelschwärme

Außerhalb der Brutzeit schließen sich verschiedene Finken und andere Körner fressende Singvögel vorübergehend auch zu gemischten Schwärmen zusammen, vor allem im Herbst. Das Foto hier ist aber im Spätwinter oder Frühjahr aufgenommen worden, denn das fliegende Buchfinkenmännchen ist im vollen ❶ **Prachtkleid**. Auffällige Gefiedermarken sind besonders für das Schwarmverhalten Signale und Orientierungshilfen. Vogelbeobachter können die Vogelart danach bestimmen, aber auch die Tiere selbst wohl Angehörige ihrer Art dadurch erkennen.

Buchfinken fallen nicht nur durch ihre weißen ❷ Flügelbinden auf, sondern sind auch an den deutlich abgesetzten ❸ **weißen Schwanzseiten** gut zu erkennen, vor allem dann, wenn man sie in den Sekunden des Wegfliegens beobachtet. Wenn ein wegfliegender Vogel glücklicherweise mit gefächerten Schwanzfedern rasch an Höhe gewinnen will, verrät ein kurzer Blick im Nachsehen oft noch die Artzugehörigkeit.

Sekundenbild interpretiert

Hier sitzen auf dem Boden im Vordergrund ❹ **Bluthänflinge**, kleine Finkenvögel, die in vielen Gebieten Mitteleuropas stark abgenommen haben. ❺ Zwei weitere Vögel dieser Art bewegen sich außerhalb der Schärfentiefe. Der unscharf aufgenommene ❻ Vogel ganz hinten ist wohl kein Buchfinkenmännchen. Nach einer Momentbestimmung könnte es ein Gimpelmännchen sein.

Die Situation scheint für die beteiligten Vögel keine Gefahr zu signalisieren, die Bluthänflinge sitzen ru-

Buchfinkenmännchen und Bluthänflinge

hig am Boden und sehen nicht einmal nach dem über ihnen fliegenden Vogel. Das Buchfinkenmännchen versucht wohl auch nicht, vor einer möglichen Gefahr erschreckt an Höhe zu gewinnen, sondern mit ausgebreiteten Flügeln und gefächertem Schwanz zur Landung anzusetzen. Möglicherweise nimmt es auch nur einen kleinen Ortswechsel vor. Der Schnappschuss zeigt, dass sich in gemischten Schwärmen Vögel je nach Art unterschiedlich verhalten können und nicht immer eine synchronisierte Schwarmdisziplin zwischen ihnen zu erwarten ist (s. S. 46). Vielleicht handelt es sich hier auch nur um eine zufällige, kurze Begegnung.

Wertvolle Brachflächen

Gemischte Vogelansammlungen entstehen, wenn gemeinsame In-

teressen verschiedene Arten an einem Ort zusammenbringen. Das sind für Körner fressende Singvögel vor allem Brachflächen oder anderweitig nicht genutzte Flächen, auf denen sich eine gemischte vielfältige Wildkräuterflora eingestellt hat. Die vertrockneten Pflanzen tragen auch im Winter und Vorfrühling oft noch Samenstände oder die herausgefallenen Samen liegen offen auf der gefrorenen Bodenoberfläche. In einer ordentlich aufgeräumten Kulturlandschaft sind solche Flächen alles andere als Schandflecke, sondern wertvolle Überlebenshilfen in Engpasszeiten vieler Vögel. Die Artenvielfalt kann hier vorübergehend erstaunlich hoch sein. Flächen mit Wildkraut sind gewissermaßen ein natürliches Futterhaus.

Rastende Buchfinken auf dem Herbstzug

Herbststimmung

Die Aufnahme stammt von Anfang September. Viele Buchfinken sind dann bereits auf dem Zug. Vor allem Vögel östlicher und nördlicher Brutgebiete kommen als Durchzügler durch Mitteleuropa. Mitteleuropäische Buchfinken sind meist nur Teilzieher oder Standvögel; möglicherweise bleiben in Folge des Klimawandels jetzt mehr bei uns als noch vor Jahrzehnten. Im Februar/März und von September bis Anfang November tauchen oft viele Buchfinken als Durchzügler bei uns auf, in manchen Gebieten findet vor allem im Herbst ein eindrucksvoller Massenzug statt. Buchfinken sind dann oft in großen Scharen unterwegs, vor allem an der Küste.

Nicht nur Nahrungsquellen, sondern selbst kleine ❶ Pfützen und andere seichte Wasseransammlungen mit flachem Zugang sind Anziehungspunkte, denn Zugvögel verlieren auf langen Zugstrecken viel Wasser. **Vogeltränken** können in trockenen Zeiten und Gebieten

eine ebenso wertvolle Hilfe sein wie Nahrungsangebot.
Hier sitzen einträchtig und wohl auch etwas erschöpft zwei ❷ Männchen und ein ❸ Weibchen nebeneinander.

Kleiderwechsel

Im Schlichtkleid sind die ❹ Schnäbel der Männchen nicht mehr stahlblau, sondern überwiegend hornfarben. Das ❺ Grau an Kopf und Nacken sowie die ❻ rostrote Brust wirken stumpfer und blasser als im Prachtkleid, das Gefieder macht aber einen ganz frischen, jedenfalls keinen zerschlissenen Eindruck. Diese Männchen haben die Mauser des Jahreskleides, die nach der Brutzeit beginnt und Anfang Oktober beendet ist, bereits abgeschlossen, präsentieren sich also im frischen Herbstkleid, das im Vergleich zum Prachtkleid (s. S. 30) eher schlicht aussieht. Das liegt an den hellen Federsäumen der Brust- und Kopffedern. Sie nutzen sich bis zum Frühjahr ab, so dass dann die farbenfrohe-

ren inneren Federabschnitte an die Oberfläche kommen. Das Prachtkleid des Männchens im Frühjahr ist also nicht das Ergebnis einer neuen Mauser, sondern eigentlich ein abgetragenes Kleid. Durch Abnutzung ihres herbstlichen Schlichtkleides kommen die Männchen also zu einem prachtvollen Kleid zur Balz und Weibchensuche im Frühjahr, ohne sich einer energieverzehrenden Mauser unterziehen zu müssen – ein Trick, den mehrere Vogelarten nutzen können.

Die ❼ weißen Marken im Flügel sind zu allen Jahreszeiten für alle Kleider typisch. Beim Männchen rechts im Bild sind sie nicht weiß, sondern ❽ gelblich. Das könnte darauf hindeuten, dass dieser Vogel sein erstes Alterskleid angelegt hat, also ein Jungvogel des Jahres ist. Jedenfalls wird man immer wieder individuelle Unterschiede entdecken, vor allem während der Mauserzeiten im Herbst. Das macht Vogelbeobachtung spannend.

Bergfink

Nordischer Wintergast

Pünktlich ab Anfang Oktober, an der Küste schon im September, erscheinen Bergfinken, die nordeuropäischen Verwandten unseres Buchfinken. Untrügliche Signale sind die nasal quäkenden »tchäep«-Rufe in Kleinvogelschwärmen oder aus noch dicht belaubten Bäumen. Bergfinken fliegen oft mit Buchfinken zusammen oder tauchen im Binnenland anfangs nur zu wenigen auf. Meist nimmt ihre Zahl nach dem ersten Gipfel des herbstlichen Einflugs ab, denn das Winterquartier der Nordländer reicht bis ins Mittelmeergebiet. Bis spätestens Ende April sind sie bei uns dann wieder weggezogen.

Bergfink, Weibchen im Schneegestöber

Die kleinen Unterschiede

Aus der Nähe sind Bergfinken nicht mit Buchfinken zu verwechseln. Aber in Gestalt und Verhalten sind sich die beiden Verwandten ähnlich und fliegen auch nicht selten miteinander, so dass man bei ungünstigen Lichtverhältnissen genau hinsehen muss, um sie zu unterscheiden. Das Porträt zeigt ein ❶ Weibchen, aufgenommen Ende Januar. Das zu betonen kann wichtig sein, denn das Kleid der Männchen ändert sich im Lauf des Winters. Bergfinken wirken hell mit viel ❷ Weiß im Gefieder. Als wichtiges Kennzeichen wird der weiße Bürzel genannt, den man aber am sitzenden Vogel selten zu sehen bekommt. Auch das bescheiden gefärbte Weibchen zeigt wenigstens ❸ Anflüge von Orange, der kennzeichnenden Farbe des Nordländers. Wie manchmal bei Buchfinken wirkt auch bei Bergfinken der ❹ Hinterkopf etwas eckig. Das **Schwanzende** ist bei vielen Finkenvögeln ❺ gekerbt, bei Berg- und Buchfinken nicht so stark wie bei Grünfinken. Am Futterhaus erscheinen Bergfinken oft, aber nicht jeden Winter, manchmal auch dann nicht, wenn einige von ihnen sich ständig in der Umgebung aufhalten. Andererseits kann man Bergfinken als überraschende Futtergäste begrüßen, wenn man gar nicht mit ihnen gerechnet hat.

Allmählicher Kleiderwechsel

Die Aufnahme stammt aus den letzten Januartagen. An Kopf und Nacken markieren die schwarzen Federn den deutlichen Unterschied zu den schlichter gefärbten Weibchen. Aber ❶ feine hellbraune Flecken sind noch zu sehen. Nach der Mauser im Herbst decken hellere Federspitzen die schwarzen Federteile an Kopf und Rücken weitgehend ab. Hellere Federabschnitte nutzen sich schneller ab als dunkle, die Pigmente enthalten. Dieser Unterschied sorgt dafür, dass im Lauf des Winters die tieferen schwarzen Federabschnitte allmählich ans Tageslicht kommen und das frische Prachtkleid ohne nochmalige Energie kostende Mauser rechtzeitig im Frühjahr komplett ist – dieselbe Taktik also wie beim Buchfinken (s. S. 32). Im Januar ist der ❷ Schnabel noch gelb mit schwarzer Spitze, im vollen Prachtkleid dann schwarz. Brust und Schulter sind ❸ auffallend orangefarben. Die für den Buchfinken charakteristische breite weiße Flügelbinde ist bei Bergfinken auch gelblich bis orangefarben. Die überwiegend ❹ weiße Unterseite, die bei Buchfinken nicht vorkommt, passt in eine Schneelandschaft. Bergfinken haben dagegen nicht so auffällig weiße ❺ Schwanzseiten wie Buchfinken (s. S. 31). Das volle Prachtkleid sieht man in Mitteleuropa meist nur bei Nachzüglern, die dann nicht selten auch schon singen, bevor sie nach Norden zurückwandern. Ihre gequetschten, monotonen Strophen können aber mit dem Finkenschlag nicht mithalten.

Masseneinflüge

In manchen Jahren konzentrieren sich an manchen Plätzen Mitteleu-

Bergfink, Männchen noch nicht ganz im Prachtkleid

ropas, meist im Süden nördlich des Alpenrandes, Millionen von Bergfinken, die in riesigen Wolken an gemeinsamen Schlafplätzen nächtigen und tagsüber in ein großes Nahrungsgebiet ausschwärmen. Es kann sogar vorkommen, dass für Straßenabschnitte, die durch Buchenwälder führen, Verkehrswarnungen vor Vogelmassen ausgesprochen werden. Bergfinken sitzen auf oder an den Straßen, um heruntergefallene Bucheckern aufzunehmen. Die Individuendichte kann so hoch sein, dass ein Teppich von Vögeln den Boden bedeckt. Wenn die Massen vor einem nahenden Fahrzeug auffliegen, ist die Sicht versperrt. Voraussetzung für solche außergewöhnlichen Invasionen ist guter Nachwuchs im Brutgebiet, der zu hohen Bergfin-

kenbeständen nach der Brutzeit führt. Wenn die Nahrung in dieser kritischen Zeit knapp ist, aber gute Buchenmast im Winterquartier – also bei uns in Mitteleuropa – angeboten wird, kann es zu Masseneinflügen kommen, die sich auf Buchenwälder konzentrieren. Bucheckern sind eine wichtige Nahrung für die nordischen Gäste. Solche Masseneinflüge sind als spektakuläres Ereignis schon seit Jahrhunderten bekannt und überliefert und wurden auch in den letzten Jahrzehnten immer wieder beobachtet.

Mit Vorhersagen für besonders strenge Winter in Nord- oder Mitteleuropa haben sie nichts zu tun, denn auch sensible Vögel können das Wetter langfristig nicht im Voraus fühlen.

Kernbeißer

Der größte Fink Mitteleuropas

Er lebt gewöhnlich in den Kronen hoher Laubbäume, vor allem Eichen, Hainbuchen, Buchen oder Ulmen, und ist daher nicht leicht zu entdecken. Meist sind die Vögel auch sehr aufmerksam und scheu. Ihre Lautäußerungen beschränken sich auf harte »tsicks« und ähnliche Rufe, die man leicht überhört. Auch der Gesang mit hohen und geräuschhaften Lauten macht nicht viel her. Heimische Kernbeißer sind Teilzieher und daher das ganze Jahr über anzutreffen, zu den Zugzeiten im September/Oktober oder im zeitigen Frühjahr gelegentlich auch in größeren Trupps.

Kernbeißer im Schlichtkleid

Nussknacker

Der dicke Kopf mit dem mächtigen, dreieckigen ❶ **Schnabel** verrät den Kernbeißer schon in der Silhouette. Der Schnabel ist im ❷ Schlichtkleid, das der Kernbeißer Herbst bis Frühjahr trägt, blass graubraun oder weißlich. Die Farben sind im Vergleich zum Prachtkleid (s. S. 36) sehr gedeckt. Männchen und Weibchen lassen sich nicht immer sicher voneinander unterscheiden. Mit dem mächtigen Schnabel können die Vögel auch Kirschkerne knacken. Im dicken Kopf sind die Muskeln für diese enorme Kraftleistung untergebracht.

Am Futterhaus

ergibt sich die beste Möglichkeit, Kernbeißer zu beobachten. Meist kommen sie einzeln und manchmal ganz unverhofft vorbei, stellen sich aber dann auch über eine gewisse Zeit regelmäßig ein, und zwar meist zu bestimmten Tageszeiten. Gegenüber den meisten anderen Vögeln, die sich um das Futter drängeln, sind sie dominant. ❸ Sonnenblumenkerne und hartschalige Samen am Futterhaus bedeuten natürlich keine besondere Herausforderung für sie. Die optimale Körnergröße ist 4–5 mm, bei kleineren müssen Kernbeißer viel länger arbeiten als andere Finkenvögel. So haben auch schwächere Vögel ihre Chance. Im Frühjahr sind Knospen und frische Triebe die Hauptnahrung, im Sommer ergänzt durch Insekten.

Kernbeißer, Männchen im Prachtkleid

Die kleinen Unterschiede

Im Prachtkleid ist der ❶ Schnabel fast blauschwarz mit hellerer graublauer Basis. Die ❷ verbreiterten metallischblau glänzenden Armschwingen sowie das breite weiße ❸ Schwanzende lassen auf ein Männchen schließen. Bei den Weibchen sind die Armschwingen nur aschgrau gesäumt. Für ein Männchen spricht auch der breite ❹ schwarze Zügelstreif. Als Zügel bezeichnet man die Partie zwischen der Schnabelbasis und dem Auge. Die weiße Schwanzspitze und der ❺ breite weiße Flügelstreif sind auffällige Kennzeichen und lassen sich auch bei Kernbeißern im Flug erkennen, wenn man Einzelheiten der Figur nicht rasch genug erfassen kann. Im Flugbild fällt zudem der besonders kurze Schwanz auf, der im Unterschied zu etwas kleineren Finkenvögeln an seinem Hinterrand nicht eingekerbt ist.

Lebensraum von Baum bis Boden

Kernbeißer leben zwar meist in Baumkronen, kommen aber bei der ❻ Nahrungssuche auch gelegentlich auf den Boden herunter. Hier lesen sie heruntergefallene Baumsamen auf, reißen aber auch Samen von Gräsern und Kräutern ab. Raupen und andere Insektenlarven werden mitunter vom Boden aufgenommen. Sie sind als Eiweißquelle wichtig für die Entwicklung der Jungen. Die Nester werden meist hoch in Laubbäumen, in der Regel mehr als 10 Meter, über dem Boden angelegt. Sie stehen oft auf horizontalen Ästen und sind ganz locker gebaut. Sie erinnern an »schlampige« Taubennester. Kernbeißer verteidigen um das Nest herum nur ein kleines Revier, so dass es manchmal auch zu kleinen Nestergruppierungen kommen kann. Wie bei vielen anderen Singvögeln kümmern sich die Eltern noch nach dem Ausfliegen um ihre Jungen. Oft teilt sich die Familie aber dann auf und nur ein Altvogel bleibt bei einem Teil der Jungen einer Brut. Offenbar bestehen auch Trupps im Herbst und Winter zumindest teilweise aus Familienangehörigen. Aber Regeln im Zusammenleben zu erkennen, scheint beim Kernbeißer immer etwas schwierig.

Überraschungsmomente

Kernbeißer sind Teilzieher, aber auch den Winter über nicht selten bei uns zu beobachten. Heimische Vögel überwintern großenteils in Süd- und Südwesteuropa. Einzelne Vögel entscheiden sich in verschiedenen Jahren für unterschiedliche Winterquartiere. So ist nachgewiesen, dass verschiedene deutsche Wintervögel in späteren Jahren über 1000 Kilometer entfernt in Südeuropa waren. Mit Durchzüglern ist vor allem in den Monaten September bis November und Februar bis Mai zu rechnen. In manchen Gegenden sieht man Kernbeißer nur sehr unregelmäßig und oft bleiben sie in einem Gebiet über Jahre aus. Andererseits gibt es manchmal auch auffällige Einflüge, die mit dem Samenangebot der wichtigsten Baumarten zusammenhängen. Ein guter Tipp für Kernbeißer ist die Hainbuche, deren Früchte zur Vorzugsnahrung zählen. Kernbeißern zu begegnen bedeutet aber immer eine kleine Überraschung, denn manchmal muss man Jahre nach ihnen suchen.

Gimpel

Phlegmatiker unter den Singvögeln

Die ruhigen, manchmal trägen Bewegungen und die geringe Scheu vor Menschen haben wohl dazu geführt, dass man etwas einfältige, unerfahrene und eitle Menschen früher als Gimpel bezeichnete. Das prächtige Männchen stand auch für den heute noch gebräuchlichen Namen »Dompfaff« Pate, ein etwas korpulenter Kirchenmann im roten Talar. Im Sommer sind Gimpel leicht zu übersehen, da sie sich unauffällig verhalten. Am Futterhaus sind Dompfaffen die wohl schönsten Gäste, die sich scheinbar auch durch lebhaftes Gewimmel anderer Futtergäste nicht aus der Ruhe bringen lassen.

Auf den zweiten Blick

Das rosarote Gimpelmännchen ist ein leuchtender Farbtupfen in der Schneelandschaft. Oft wird man erst auf den Vogel aufmerksam, wenn er abfliegt. Dann ist der ❶ weiße Bürzel im Kontrast mit dem schwarzen Schwanz und dem grauen Rücken ein untrügliches Signal, das eine Artbestimmung in Sekundenbruchteilen erlaubt. Gimpel sind Vegetarier, die auch ihre Jungen großenteils mit aufgeweichten milchreifen Samen aus dem Kropf füttern. Der ❷ kurze hohe Schnabel markiert den Knospenzwicker und Beerenfresser, der Früchte zerlegt, aber nur kleine hartschalige Samenkörner zu sich

Gimpel, Männchen

Die Lieblingsnahrung der Gimpel sind Ahornfrüchte.

nimmt. Hört man die feinen Gimpelrufe aus Bäumen, sollte man sich zunächst einmal nach einem Ahorn umsehen. ❸ Ahornfrüchte, deren Flügel abgebissen werden, sind eine Lieblingsnahrung von Gimpeln in Straßenalleen, Parks und Gärten.

Gimpel, Weibchen

Die kleinen Unterschiede

Gimpelweibchen sind an ihrer grauen statt roten Unterseite das ganze Jahr über von Männchen gut zu unterscheiden, da die Männchen im Gegensatz zu manchen anderen Singvögeln keine weibchenähnlichen Schlichtkleider tragen. ❶ Dunkle Kopfkappe,

❷ weiße bis hellgraue Flügelstreifen und ❸ weißer Bürzel sind für beide Geschlechter Artkennzeichen. Den ganzen Winter über sieht man sehr häufig ein Männchen und ein Weibchen nahe beieinander. Paare halten über die Brutzeit hinaus zusammen, aber für die Annahme lebenslanger Monogamie gibt es keine stichhaltigen Anhaltspunkte.

Akustische Feinheiten

Ihre Anwesenheit verraten Gimpeln vor allem in Zeiten, in denen Bäume belaubt sind, meist nur durch die leisen, etwas klagenden einsilbigen Rufe. Auch der unauffällige Gesang der Männchen ist nicht weit zu hören, da er an das Weibchen adressiert ist und nicht der Revierkennzeichnung dient. Seit 2004 erscheinen in Mitteleuropa jedes Jahr Wintergäste, deren Rufe wie eine quäkende Kindertrompete klingen. Die Herkunft dieser »Trompetergimpel« ist noch nicht geklärt. Man vermutet, dass es sich um Vögel aus dem Nordosten und Osten handelt.

Wanderungen

Mitteleuropäische Gimpel sind Teilzieher, die meisten bleiben allerdings in der Nähe ihrer Brutorte. Einzelne ziehen aber bis Portugal. Dass in vielen Gartenstädten und Parks Gimpel zu den regelmäßigen Winterbesuchern zählen, hängt wohl vor allem damit zusammen, dass Gimpel der Nahrung wegen (Ahornbäume, Futterstellen) vom Wald in menschliche Siedlungen kommen.
Zu den Zugzeiten ist auch mit Gimpeln aus Skandinavien, Finnland und Russland zu rechnen, die bis nach Südwestfrankreich und manchmal auch noch weiter ziehen.

Jungvögel

Junge Gimpel werden erst etwa 2 Wochen nach Verlassen des Nestes selbständig. Sie tragen ❹ keine dunkle Kappe, sind aber am ❺ kurzen dicken Schnabel leicht als Gimpel zu erkennen. Das ❻ dunkle Auge sticht aus dem hellgrauen Kopf geradezu heraus. Die Unterseite ist bei Jungvögeln beider Geschlechter wie bei Weibchen gefärbt. Jugendkleider ohne dunkle Kopfkappe kann man bis September/Oktober sehen. Der Vogel auf dem Foto hat das Nest erst vor Kurzem verlassen und trägt noch Reste der ❼ flauschigen Dunenfedern. Durch fortwährende hohe Standortrufe melden sich die Jungen in diesem Stadium aus ihrer Deckung.

Gimpel, Jungvogel

Stieglitz

Tropische Farbenpracht im »Unkraut«

Der Name Stieglitz versucht, den oft zu hörenden charakteristischen Ruf »stigelit« oder »düdeli« lautmalerisch wiederzugeben. Distelfink, der andere traditionelle deutsche Name, bringt es auf den Punkt: Stieglitze sind mit ihrem feinen spitzen Schnabel darauf eingerichtet, Samen aus den Köpfen verblühter Disteln herauszuholen. Wenn irgendwo die wenig geschätzten Pflanzen dem Pflegetrieb ordnungsliebender Menschen entgangen sind und die Blütezeit überstanden haben, kann man ab Spätsommer den lebhaften bunten Finken erwarten.

Kleine Überraschung am Wegrand

Kleine Vögel auf einer ❶ **Brachfläche**, einem Stück Land, das noch ungenutzt ist, oder am ungepflegten Rand des Spazierwegs mit Löwenzahn, Wegwarte und manchen Wildkräutern, die man nicht im Garten haben möchte, sind kaum eines Blickes wert. Stieglitze aber begeistern. Die ❷ schlanken, kleinen Finkenvögel tragen eine ❸ rote **Gesichtsmaske** im schwarz und weiß gezeichneten Kopf. Männchen und Weibchen sind fast gleich gefärbt und in Freiheit kaum voneinander zu unterscheiden. Im schwarzen Flügel ist ein ❹ breites gelbes Feld weithin zu sehen, das sich erst im Fliegen in voller Größe entfaltet, aber auch am zusammengelegten Flügel des sitzenden Vogels auffällt. Der ❺ elfenbeinfarbige Finkenschnabel ist zu einer feinen Pinzette ausgezogen und damit ein Werkzeug, das kleine Samen aus Frucht- und Samenständen der verschiedensten krautigen Pflanzen und Stauden herausholen kann.

Oft halten sich Stieglitze nicht lange an einem Platz auf und suchen rasch einen neuen Nahrungsplatz, denn das Nahrungsangebot am Ort ist meist rasch aufgebraucht. Die Vogelschutzverbände Deutschlands und Österreichs haben den

Stieglitz im Nahrungsbiotop

Stieglitz zum Vogel des Jahres 2016 gewählt. Futterstellen können ihm über Nahrungsengpässe helfen, die oft schon im Spätsommer entstehen. Wo einige samentragende Früchte stehen, dauert es meist nicht lange, bis die ersten Stieglitze eintreffen.

Stieglitz, Jungvogel

geworden sind. Im Jugendkleid, das je nach Geburtsdatum in der Zeit von August bis Oktober durch eine Mauser abgelegt wird, ist der ❶ Kopf einfach graubraun und undeutlich gestrichelt. Im schwarzen Flügel sieht man das ❷ gelbe Band wie bei den Altvögeln. Die ❸ Unterseite ist undeutlich gestrichelt. Von Hochsommer bis Herbst hört man die ständig rufenden Jungen an ❹ Distelstauden verschiedener Arten, die in dieser Jahreszeit mit ihren Samen die Hauptnahrung bilden.

Wanderungen im Klimawandel

Stieglitze sind **Kurzstrecken- und Teilzieher**, manchmal auch nur Winterflüchter, die bei großer Kälte und langer Schneedecke abwandern. In den letzten 70 Jahren hat sich die mittlere Entfernung der Wanderungen signifikant verkürzt. Die Ringfunde deutscher Stieglitze reichen bis Portugal und an die Straße von Gibraltar sowie nach Norditalien. Wahrscheinlich erreichen Mitteleuropäer auch Nordafrika. Die Zahl der Vögel, die auch in raueren Gegenden Mitteleuropas versuchen, den Winter über auszuharren, nimmt seit Jahren zu. Möglicherweise kann man in diesen Entwicklungen eine Folge des Klimawandels sehen; bei den **Überwinterern** handelt es sich wohl hauptsächlich um heimische Stieglitze. Unklar ist noch, ob Stieglitze aus nördlichen Gebieten in Mitteleuropa überwintern. Bisher gibt es dafür keine Hinweise. Es könnte also sein, dass nordische Stieglitze nur durchziehen und weiter südlich als die Mitteleuropäer überwintern. Die mitteleuropäische Population wird also »übersprungen«. Im Frühjahr findet dann der Rückzug statt.

Start ins Leben

Die Nester der Stieglitze stehen auf äußeren Zweigen von Bäumen und Büschen, meist im dichten Laub gut gegen Sicht gedeckt. Obstbäume, hohe Alleebäume, dichte Rosskastanien, wie sie für bayerische Biergärten typisch sind, und Bäume in Parkanlagen werden ausgewählt, und für die ersten Bruten, wenn das Laub noch dünn ist, auch Nadelbäume. Den Neststandort bestimmt das Weibchen und baut dann auch sorgfältig das Napfnest aus Halmen, Stängeln, Bastfasern und Moos. Die Polsterung besteht aus Pflanzenwolle, die Außenwand ist ähnlich wie beim Buchfinkennest (s. S. 30) zur Tarnung mit Flechten besetzt. Oft brüten mehrere Paare in einer Gruppe nebeneinander und versorgen ihre Jungen aus einem gemeinsamen Nahrungsrevier, das im Mittel über 100 Meter vom Neststandort entfernt ist.

Die geschlüpften Jungen wachsen in gut 2 Wochen im Nest heran und werden dann frisch flügge von den Eltern noch bis zu 3 Wochen betreut. Da Stieglitze 2 Bruten im Jahr unternehmen, begleitet nach der ersten Brut oft nur das Männchen die Jungen bis sie selbständig

Momenterlebnis

Im überrraschend aufstiebenden ❶ Schwarm Stieglitze lässt sich die Zahl der Vögel nicht mehr zählen, nur möglichst wirklichkeitsnah schätzen. Wie viele Individuen sind im Bildausschnitt erfasst? Wer 80 schätzt, liegt ganz nahe, 83 kann man auszählen. Es mögen also über 100 Stieglitze sein, die sich hier in einem Schwarm zusammengetan haben. Dass alle Vögel Stieglitze sind, ist auf dem Foto an den gelben ❷ Flügelbinden gut zu erkennen. Sie sind gemeinsam in die gleiche Richtung gestartet, ob aus einem äußeren Anlass wie einer Störung oder aus Gründen der Schwarmdisziplin (s. S. 46) lässt sich nicht feststellen. Jedenfalls können Kleinvögel mit hoher Schlagfrequenz der Flügel auch in der Luft nah zusammenrücken, ohne sich gegenseitig zu behindern. Man sieht im Foto bei eng benach-

bart fliegenden Vögeln ❸ unterschiedliche Phasen des Flügelschlags. Einige Vögel scheinen gerade eine scharfe Wendung zu fliegen. Der gefächerte Schwanz lässt die ❹ weißen Flecken auf den schwarzen Steuerfedern erkennen, ein weiteres gutes Kennzeichen, wenn es ums Vogelbestimmen in Sekundenschnelle geht.

Leben im Schwarm

Stieglitze setzen das ganze Jahr auf Geselligkeit. So informieren sie sich sowohl optisch an den Kennzeichen ihrer Artgenossen als auch durch Kontaktrufe über ergiebige Nahrungsfelder. Dieses Sozialverhalten bringt eindeutig Vorteile mit sich. Je größer die Gruppe, desto weniger muss der einzelne Vogel aufblicken und die Sicherheit der Lage überprüfen. Er kann der Suche und der Bearbeitung der Samen mehr Zeit widmen und daher

seine Nahrungsaufnahme verbessern. Wird die Gruppe zu groß, geht allerdings wieder mehr Zeit verloren. Jeweils mehrere Stieglitze sitzen an einer Nahrungspflanze, dadurch werden häufigere Ortswechsel erzwungen, weil sich die Vögel zu nahe kommen oder die Samen an einer Staude rascher zu Neige gehen. Durch Ortswechsel wird Zeit verloren und Energie verbraucht. Es gibt also meist ein Optimum der Geselligkeit. Außerhalb der Brutzeit leben Stieglitze fast immer in Trupps. Große Ansammlungen, wie hier auf dem Bild, sind aber so gut wie überall Ausnahmen geworden. Wahrscheinlich hat die Not die Stieglitze hier zusammengetrieben, denn der ❸ Hintergrund zeigt eine schneebedeckte Winterlandschaft. Sie kann Stieglitzen Probleme bereiten, wenn keine samentragenden Stauden übrig geblieben sind.

Stieglitze, winterlicher Schwarm

Erlenzeisig

Quirliger Überraschungsgast

Man kann sich nie darauf verlassen, wo und wann man Erlenzeisigen begegnen wird. Am regelmäßigsten kommen sie im späten Herbst aus Nadel- und Mischwäldern oder von nördlichen und östlichen Brutgebieten in halboffene Landschaften, Parks oder Gärten. Im Winter erscheinen sie als Überraschungsgäste mitunter auch an Futterstellen. In manchen Jahren tauchen größere Schwärme auf, die dann weiterziehen, wenn sie Birken- und Erlensamen abgeerntet haben. Zur Brutzeit verhalten sie sich unauffällig und sind um ihre Nistplätze in Fichten schwer zu entdecken.

Erlenzeisig, Männchen

Erlenzeisig, Jungvogel

fach. Die lebhaften Vögel melden sich häufig mit einem etwas weinerlich klingenden »tiläh«, das dem Kenner ihre Anwesenheit verrät, manchmal verhalten sich die Schwärme aber auch sehr ruhig. Um die Kleider von Männchen, Weibchen und Jungvögeln auseinanderzuhalten, braucht man oft mehrere Anhaltspunkte. ❶ Stirn und Scheitel der Männchen sind schwarz, hinter dem Auge hebt sich ein ❷ hellgrüner Streifen ab. Die ❸ ungestreifte grüngelbe Brust geht in ❹ weiße, undeutlich dunkel gestreifte hintere Flanken über. Der ❻ Kopf der Weibchen ist graugrün und fein gestrichelt, die ❼ weiße Brust unscharf dunkel gestreift, ähnlich wie die hinteren Flanken des Männchens. Der weibchenfarbige Vogel auf dem Bild ist aber wahrscheinlich ein Jungvogel im Herbst. Darauf deuten das ❽ blasse Gesicht und die Strichelung der Kehle hin. Ein wichtiges, in allen Kleidern vorkommendes Kennzeichen ist der ❾ breite gelblich grüne Flügelstreifen.

Die kleinen Unterschiede

Erlenzeisige sind zierliche kleine Vögel. Wenn sie in der Kälte oder bei Erregung das Gefieder aufplustern, wirken sie aber gedrungen, fast wie eine kleine Kugel mit einem ❺ kurzen, am Ende eingekerbten Schwanz. Einzelheiten zu erkennen ist beim lebhaften Temperament der kleinen Kerle nicht ganz ein-

Dynamik im Lebensraum

Samen von Bäumen bilden die Hauptnahrung der Erlenzeisige. Die Vögel kommen aber auch zu Stauden und krautigen Pflanzen herunter. Das Jahresprogramm der Baumsamen stützt sich auf die Schwerpunkte Fichten von Dezember bis Mai, Erlen ab Oktober bis in das nächste Frühjahr und Birke von Sommer bis Herbst. Mit Fichtensamen, die im Kropf der Altvögel aufgeweicht sind, werden auch die Jungen großenteils gefüttert, vor allem die der ersten Jahresbrut. Wie bei anderen Samenverzehrern sind aber auch kleine Insekten Bestandteile der Nestlingsnahrung.

Das stark wechselnde Angebot an Fichtensamen zwischen Jahren mit hoher und sehr geringer Samenproduktion (Vollmast und Fehlmast) bestimmt die Fortpflanzung des Erlenzeisigs. Einzelne Paare beginnen mitunter an weit auseinanderliegenden Plätzen nacheinander einen Brutversuch oder haben in einem Jahr keine Chance, eine Brut hochzubringen. In anderen Fällen bilden sich Konzentrationen von Brutpaaren, vor allem dann, wenn außer einem Mastjahr der Fichte noch andere Samen als Alternative angeboten werden. Man muss also mit erheblichen **Bestandsschwankungen** und daher auch stark wechselnder Häufigkeit von Erlenzeisigen auch außerhalb der Brutzeit rechnen. Von deutschen Brutvögeln bleiben einige in der Nähe der Brutgebiete, andere ziehen in ein Gebiet, das von Ungarn bis Portugal reicht. Im Winterhalbjahr kommen offenbar unterschiedlich große Mengen von Erlenzeisigen aus Nord- und Nordosteuropa nach Mitteleuropa. Im Herbst und Frühjahr ist dann noch mit Durchzüglern unterschiedlicher Herkunft

Erlenzeisig, junges Männchen in einer Lärche

Erlenzeisig, Männchen an Erlenzapfen

zu rechnen. Durch Beringung weiß man, dass auch einzelne Vögel in ihrem Leben ganz unterschiedliche Winterquartiere aufsuchen. Deutsche Wintervögel waren in späteren Wintern z. B. auch in Marokko, Portugal, Norwegen oder Russland.

Nochmals kleine Unterschiede

Ab Herbst sind vor allem Birke und ❶ **Erle** beliebte Nahrungsplätze, an denen oft größere Schwärme einfallen. Die kleinen Finken turnen geschickt an den äußersten dünnen Zweigen mit Erlenzapfen und Fruchtständen der Birken herum. Lebhafte Bewegungen, aber auch plötzliches Auffliegen der Trupps

empfehlen, Einzelheiten möglichst rasch zu erfassen. Der Vogel im Winter an Erlenzapfen ist an ❷ dunkler Kopfkappe und hellem Augenstrich gut als Männchen zu erkennen. Man sieht, wie die ❸ grüne Brust in dunkel gestreifte Flanken übergeht. Der ❹ kurze Schwanz ist auch bei Gegenlicht ein guter Hinweis auf die Art. Der Herbstvogel auf der ❺ Lärche scheint ein junges Männchen zu sein, das gerade ins Alterskleid mausert. Die dunkle ❷ Kopfkappe ist noch kurz, die ❸ Brust noch gestrichelt und nicht einheitlich grün. Die grünliche ❻ Flügelbinde macht die Artbestimmung sicher.

Star

Frühlingsbote auf der Verliererstraße

Die ersten Stare sind oft eine Zeitungsmeldung wert, weil mit ihnen der Frühling Einzug hält. In vielen Teilen Mitteleuropas überwintern aber Stare regelmäßig in größerer Zahl. In Zeiten des Klimawandels wird die Schar der Überwinterer bei uns sicher zunehmen. Bis in die Mitte des vorigen Jahrhunderts sind die Brutbestände angewachsen, vor allem im ländlichen Raum. Seit rund 50 Jahren geht die Entwicklung bergab. Das Tempo hat neuerdings zugenommen, so dass es in einigen Gebieten schon fast keine Stare mehr gibt.

Singendes Starenmännchen

ten Flügeln, die beim Vortrag auch heftig in Bewegung geraten, zur Schau, sondern bietet auch viel fürs Ohr. Der **Balzgesang** besteht aus schnalzenden, schnurrenden, schwätzenden, bauchrednerischen und pfeifenden Partien in rascher Folge. Dazwischen sind hervorragende Imitationen anderer Vogelstimmen eingeschaltet, je nach Umgebung auch das Nachahmen von Hühnergackern oder des Klingeltons eines Mobiltelefons. Länge und Reichhaltigkeit des Vortrags beeinflussen die Entscheidung des Weibchens, das Signale erhält, die über die Kondition des zukünftigen Partners Aufschluss geben können. Auch im Herbst kann man Starengesang hören. Er fördert möglicherweise auch den Zusammenhalt von Schwärmen.

Das dunkle Gefieder ❷ schillert im Prachtkleid, an manchen Stellen sieht man noch ❸ helle Federspitzen vom Schlichtkleid. An der ❹ blaugrauen Basis des gelben Schnabels ist das Männchen zu erkennen.

Männchen am Brutplatz

Zum Gesangsvortrag sucht sich das Männchen eine exponierte Stelle in der Nähe des Brutplatzes. Sein Gesang dient weniger der Revierverteidigung, denn Stare brüten oft gesellig in kleinen Kolonien. Vielmehr lockt es damit ein Weibchen an, das sich gleich ein Bild von der Qualität des Sängers machen kann. Er stellt sich nicht nur mit gestäubtem Gefieder und ❶ ausgebreite-

Die kleinen Unterschiede

Ob hier ein Männchen oder ein Weibchen im Prachtkleid auf dem Dach des Nistkastens sitzt, ist nicht ganz eindeutig zu erkennen. Für ein Weibchen spricht die offenbar ❶ helle Schnabelbasis und die größere Zahl ❷ heller Flecken auf verschiedenen Gefiederpartien. Eine eindeutige Bestimmung wäre nur durch einen Blick aus der Nähe bei günstigem Licht möglich. Ein schwarzer Vogel mit gelbem Schnabel ist nicht immer eine Amsel. Im Prachtkleid ❸ schillert auch beim Weibchen das Körpergefieder metallisch grün und violett. Der ❹ Starenschnabel ist deutlich spitzer als der eines Amselmännchens (s. S. 77). Er wird bei der Suche nach bodenlebenden Insektenlarven eingesetzt. Die Stare stechen in den Boden und erweitern das Loch, indem sie die beiden Schnabelhälften öffnen. Dieses für Stare typische Verhalten der Nahrungssuche nennt man **Zirkeln**. Die spitzen Schnabelhälf-

Star am Nistkasten

ten wurden mit den Schenkeln eines Zirkels verglichen. Ein weiterer Unterschied zur Amsel liegt in der Bewegung: Stare hüpfen selten, sondern trippeln mit schnellen Schritten, während Amseln sehr häufig hüpfen und beim Laufen den Körper waagerecht halten. Stare schreiten aufrecht. Sitzende Stare und Amseln sind schon aus großer Entfernung an der Silhouette zu unterscheiden, denn Stare haben einen deutlich ❽ kürzeren Schwanz. Aber wenn in Zeiten der herbstlichen Mauser die eine oder andere Schwanzfeder vorübergehend ausgefallen ist, kann ein Amselschwanz sehr dürftig aussehen. Merkmale der Gefiederstruktur sind wie solche der Gefiederzeichnung nicht das ganze Jahr über gleich zuverlässig.

Nisthilfen für Stare

Als Stare noch häufig waren und in großen Wolken Obst- und Weinbau Verluste zufügten, hatten die traditionellen Starenkästen in Gärten

und an Bauernhöfen einen schlechten Ruf. Heute ist man in manchen Gebieten froh, wenn sich Stare zu einer Brut einfinden. Grundsätzlich genügt ein ❺ Nistkasten von der Dimension wie für Feldsperlinge (s. S. 22). Das Flugloch sollte aber einen Durchmesser von 4,5 cm haben, eine Sitzstange vor dem Einflugloch ist zu empfehlen.

Jungvogel

Das Jugendkleid der Stare ist ❻ matt braun und hat keinen Metallschimmer, der ❼ Schnabel ist einheitlich dunkel. In Figur und Verhalten gleichen die Jungen aber den Alten und sind unschwer als Stare zu erkennen. Ab Frühsommer sind Jungstare in kleinen oder größeren Trupps mit durchdringenden heiseren Rufen unterwegs. Ab Juli beginnt bereits die Mauser ins erste Alterskleid. Man sieht dann oft Vögel, die an Kopf und Hals noch Jugendkleid tragen, an Brust und Bauch aber bereits »Perlstare« sind.

Star im Jugendkleid

Herbstlicher Starenschwarm

Starenschwärme

Stare leben das ganze Jahr über gesellig. Ab dem Sommer können sie sich zu ❶ riesigen Scharen zusammenschließen, die auf offenen kahlen oder mit kurzer Vegetation bedeckten Flächen nach Nahrung suchen, sich unter Weidevieh mischen oder sich an Schlafplätzen sammeln. Solche Schlafplätze werden von nichtbrütenden Staren auch während des Sommers aufgesucht. Außerhalb der Brutzeit entstehen oft **Massenschlafplätze**, an denen sich bis zu Hunderttausende von Staren oft in jahrzehntelanger Tradition einfinden. Sie liegen im Schilf, in einer Baumgruppe, in Buschdickichten oder großen Hecken, aber auch an verkehrsreichen Plätzen mitten in einer Großstadt. Manche von ihnen sind allerdings längst erloschen und damit Geschichte. Auf unserem Bild sucht ein Starenschwarm gerade einen Schlafplatz in einem Weizenfeld auf.

Massenschlafplätze versprechen Schutz vor Feinden, aber in kühlen Zeiten auch Vorteile im Energiehaushalt, da die dicht zusammensitzenden Vögel über die Nacht weniger Wärme verlieren. Insbesondere Windschutz ist begehrt. In der Luft sammeln sich Starenwolken, die oft eindrucksvolle Formationen bilden. Auf attackierende Greifvögel reagiert ein Schwarm mitunter wie ein einziger Organismus mit Ausweichbewegungen, aber auch als gefährlicher Gegner für den Angreifer, der ihn einzuhüllen droht oder Kollisionsgefahr signalisiert. Bewundernswert sind die exakten Manöver, die von Hunderten oder Tausenden Vögeln in Sekundenschnelle genauestens ausgeführt werden. Das Geheimnis solcher Formationsflüge scheint darin zu liegen, dass sich jeder Vogel auf seine unmittelbaren Nachbarn konzentriert und die optischen Eindrücke rasch in Flugmanöver umsetzt. Aber natürlich ist auch dieses bewundernswerte Schwarmverhalten nicht absolut perfekt. Vor allem bei überstürztem und daher panikartigem Auffliegen kann es durchaus zu Zusammenstößen und Verletzungen einzelner Individuen kommen.

Perlstare

Die Stare in diesen sommerlichen und herbstlichen Schwärmen sind Vögel im Jugendkleid und mausernde Altstare, die das Schlichtkleid anlegen, und später auch Jungstare in ihrem ersten Alterskleid. Alle haben jetzt ❷ dunkle Schnäbel, und die meisten sind über und über mit ❹ hellen Punkten übersät. Das Kleid dieser »Perlstare« ist das Schlichtkleid, für die Jungen des Jahres somit auch das erste Alterskleid. Bis zum Frühjahr nutzen sich die hellen Federpunkte ab und der Metallglanz im Prachtkleid erscheint. Auch der Schnabel verfärbt sich im Lauf des Winters. Der Perlstar auf dem Foto scheint ein Jungvogel im ersten Alterskleid zu sein. Dafür sprechen die ❸ aufgehellte Kehle und die ❹ hohe Dichte der Perlen auf der Unterseite. Bei Altvögeln ist die Kehle dunkel und die Perlen sitzen etwas weiter auseinander.

Perlstar im Herbst

Rabenkrähe

Intelligent, vielseitig und flexibel

Die schwarzen Vögel haben von jeher einen schlechten Ruf. Das hängt wohl mit ihrer Nahrung zusammen. Aas- und Abfallfresser waren schon immer wenig angesehen. Dass Rabenkrähen für den Rückgang der gefährdeten Wiesenbrüter verantwortlich seien, hat sich großenteils als falsch erwiesen. Die meisten Verluste für Bodenbrüter im Grünland entstehen nachts durch Füchse. Und Niederwild ist nicht durch Krähen, sondern durch die Agrarwirtschaft gefährdet. Auch gibt es keine »Übervermehrung«, die reguliert werden müsste.

Rabenkrähe, Altvogel

Die kleinen Unterschiede

Die häufigste heimische Krähe westlich der Elbe ist in allen Lebensräumen, selbst mitten in der Stadt, täglich zu sehen und lohnt doch einen genaueren Blick. Nicht alle größeren schwarzen Vögel sind nämlich genau gleich. Altvögel der Rabenkrähe tragen ein glänzend schwarzes Gefieder. Auch die Federn an ❶ Bauch und Brust glänzen etwas, bei erwachsenen Jungvögeln wirken sie dagegen matt. Wichtig ist ein Blick auf den Schnabel. Der ❷ First des **Oberschna**bels ist vor der Spitze leicht, aber deutlich abwärts gebogen. So wirkt der kräftige Schnabel zwar spitz, aber die beiden Schnabelhälften laufen nicht so gradlinig wie bei der Saatkrähe (s. S. 50) auf die Spitze zu. Die ❸ Stirn der Rabenkrähe ist flach, das Profil des Oberkopfes mehr oder minder gleichmäßig gerundet. Auch das kann ein wichtiges Merkmal zur Unterscheidung von der Saatkrähe sein, wenn man nur das Profil im Gegenlicht sieht. Rabenkrähen tragen natürlich keinen ❹ Federbuckel.

Der Vogel auf dem Foto schüttelt sich gerade, um die Lage der Federn, die scheinbar etwas durcheinander gekommen sind, wieder zu ordnen. Wenige Vögel sitzen so frei auf einer Warte und lassen sich eingehend beobachten.

Rabenkrähenpaar

Diese beiden Rabenkrähen fliegen nicht im Schwarm, sondern als Paar. Die Partner halten meist ein Leben lang zusammen.

Krähenprobleme

Krähen nehmen überhand und bedrohen als Nesträuber den Bestand anderer Vögel – so die weit verbreitete Meinung. Tatsächlich haben Rabenkrähen als Brutvögel in menschlichen Siedlungen deutlich zugenommen, aber als Folge der Tatsache, dass in der ausgeräumten Agrarlandschaft Brutplätze und Nahrung verschwunden sind. Größere Schwärme von Rabenkrähen setzen sich aus Vögeln zusammen, die kein Brutrevier ergattern konnten und daher nicht zu einer Brut kommen. Sie bilden eine harte Konkurrenz für Revierpaare mit Nachwuchs. Es ist sogar nachgewiesen, dass sich Nichtbrüter auf Nestraub bei der eigenen Art spezialisieren. Vor allem bei geringem Nahrungsangebot, das fütternde Altvögel auf der Nahrungssuche länger vom Nest fernhält, beeinflussen sie den Bruterfolg negativ. Ein Abschuss, wie er immer noch betrieben wird, bringt daher nichts und bedeutet nicht im Mindesten eine »Regulierung« der Bestände. Werden Nichtbrüter wirklich dezimiert, verbessert sich die Situation der Revierpaare. Abschuss von Reviervögeln bietet Nachrückern aus der Zahl der Nichtbrüter Chancen. Regulierung fordert also grundsätzlich Einblick in die Populationsbiologie, um Abschuss zu rechtfertigen. Und eine umfassende wissenschaftliche Studie hat nachgewiesen: Der Einfluss von Krähen und Elstern (s. S. 57) auf den Bestand und die Vermehrung anderer Vögel ist vernachlässigbar gering.

Flugbilder

Flugsilhouetten sind zur Artbestimmung größerer Vögel wichtig. Allerdings ändern sie sich dauernd und liefern daher nur flüchtige Eindrücke. Auch sind Proportionen im Einzelnen sehr stark vom Blickwinkel abhängig. Nur in den seltensten Fällen wird man senkrecht unter einem fliegenden Vogel stehen. Für Rabenkrähen ist der ❶ kräftige Schnabel mit leicht abgerundeter Oberkante und abgeschrägter Spitze ein sicheres Kennzeichen. Der ❷ Schwanz wirkt relativ breit und daher im Vergleich zu den kleineren Dohlen weniger lang (s. S. 52). Die ❸ Flügelspitzen sind als Folge der gespreizten Handschwingen – der großen Flügelfedern, die die Flügelspitze bilden, – regelrecht gefingert. Das erlaubt einen interessanten Vergleich. Auch ohne eine Bewegung sehen zu können, lässt sich erkennen, dass der ❹ hintere Vogel gerade die Flügel nach unten schlägt. Sein Flügel ist maximal gestreckt und der Vorderrand daher mehr oder minder gerade.

Die Rabenkrähe im Vordergrund dagegen ❺ hat im selben Augenblick die Flügel nach oben gebracht, der Vorderrand zeigt eine kleine Biegung, die gefingerten Handschwingen biegen sich zu Beginn des Abschlages gerade etwas durch. Die beiden fliegen also nicht synchron. Das müssen sie auch nicht, da ihr Abstand so groß ist, dass jeder genug Luft unter die Flügel bekommt.

Nebelkrähe

Die nahe Verwandte im Osten

Zwischen dem östlichen Tiefland und dem übrigen Deutschland sowie durch das südliche Österreich verläuft eine Grenze, die einfarbig schwarze Rabenkrähen von zweifarbigen Nebelkrähen trennt. Diese Grenze ist nicht als gerade Linie mit Schlagbaum zu denken, sondern als eine etwa 100 Kilometer breite Übergangszone, in der beide Krähen nebeneinander vorkommen und sich, da sie nahe miteinander verwandt sind, auch vermischen. Nachkommen solcher Paare haben aber geringere Chancen, sich zu vermehren, so dass sich die Grenzen bisher nicht verschoben haben.

Nebelkrähen

Singvögel ohne Gesang

Das Nebelkrähenpaar meldet sich zu Wort. Die Rufe in dieser Haltung können Ausdruck allgemeiner Erregung sein, aber vielleicht auch einen Revier- oder Platzanspruch anmelden. Die Rufe klingen wie das Krächzen der Rabenkrähe. Beide Arten können nur leise und manchmal bauchrednerisch plaudern, nicht eigentlich singen, obwohl sie ihrer Abstammung nach zu den Singvögeln zählen. Dafür ist ihr Repertoire an Rufen erstaunlich reichhaltig. Es ist schließlich auch Geschmackssache, was man als Gesang bewerten möchte.

Das Körpergefieder von Nebelkrähen ist ❶ schmutzig hellgrau, Flügel, Schwanz und Kopf sowie ein ausgefranster Brustlatz sind schwarz. Das scheinbar ❷ schwarze Bauchgefieder der beiden Vögel im Bild ist nur der Schatten der gesträubten Brustfedern. Täuschende Lichtverhältnisse spielen dem Beobachter oft einen Streich. Es gibt aber dunklere Nebelkrähen, bei denen das Grau reduziert oder mit schwarzen Federn durchsetzt ist. Das sind Bastarde aus Nebelkrähen und Rabenkrähen.

Der gebogene ❸ Oberschnabel entspricht der Schnabelform von Rabenkrähen.

Als Wintergäste erscheinen Nebelkrähen westlich ihrer Grenze in Mitteleuropa. Ihre Zahl hat aber abgenommen, weil wohl als Folge des Klimawandels weniger Vögel nach Süden und Westen wandern.

Saatkrähe

Eine kommt selten allein

Das ganze Jahr über leben Saatkrähen in Gesellschaft. Man sieht Schwärme auf abgeernteten Äckern oder anderen offenen, wenig bewachsenen Flächen bei der Nahrungssuche, oder Scharen, die ein gemeinsames Ziel ansteuern, und trifft auf Brutkolonien. Wie Rabenkrähen sind auch Saatkrähen Allesfresser, ihre Hauptnahrung sind im Boden lebende wirbellose Tiere (z. B. Regenwürmer, Insektenlarven) und Getreidekörner, die sie z. B. frisch ausgekeimt aus dem Boden ziehen. Nestraub wird Saatkrähen weniger zur Last gelegt als der Rabenkrähe.

Saatkrähe, Altvogel

im Gesicht wie Rabenkrähen, doch ist auch bei ihnen der Schnabel spitzer als bei Altvögeln und **2** ohne deutliche Oberschnabelbiegung vor dem Schnabelende. Im Sitzen ist das Kopfprofil typisch: **3** steile Stirn und **4** eckige Scheitellinie. Das einheitliche schwarze Gefieder glänzt bei günstigem Lichteinfall **5** metallisch violett. Im Flug ist die **6** Flügelspitze schmaler als bei der Rabenkrähe, das **7** Schwanzende deutlicher gerundet.

Leben in der Kolonie

Saatkrähen brüten auf hohen Bäumen, manchmal auch auf Sträu-

Saatkrähe im Streckenflug

Die kleinen Unterschiede

Saatkrähen werden oft mit Rabenkrähen verwechselt, denn Farbunterschiede im Gefieder der schwarzen Vögel sind aus der Entfernung nicht zu erkennen. Der auffälligste Unterschied ist der **1** unbefie-

derte graue Schnabelgrund, der aber erst ab dem zweiten Lebensjahr zu sehen ist. Da Saatkrähen ihren Schnabel bei der Nahrungssuche tief in den Boden stechen, nutzen sich die Gesichtsfedern ab. Jüngere Vögel tragen noch Federn

chern, in Kolonien, die Hunderte bis Tausende von Paaren umfassen können. Oft beginnen die Brutvögel schon im Herbst mit dem Eintragen von Nistmaterial. Ernsthaft beginnt der Nestbau aber erst im zeitigen Frühjahr, etwa im Februar. Beide Partner arbeiten dabei zusammen. Die ❶ Nester der Paare stehen vielfach dicht nebeneinander und benachbarte Paare kommen in der Regel gut miteinander aus. Nur die unmittelbare Nestumgebung wird verteidigt. Das ist nötig, denn üblicherweise stehlen Saatkrähen beim Nachbarn Nestmaterial. Daher muss ein Partner ❷ Wache halten. Jeweils nur ein Teil der Koloniebewohner schafft Baumaterial herbei. Das Gelege bebrüten die Weibchen allein und werden von den Männchen gefüttert. Nachdem sie das Nest verlassen haben, bleiben die Jungen noch mindestens 4–6 Wochen bei den Eltern.

Ungeliebte Schwärme

Starke Verfolgung und vor allem grundlegende Veränderungen des Lebensraums in der Agrarlandschaft haben Saatkrähen ein Jahrhundert lang stark dezimiert und ihre **Brutkolonien** in die Nähe, manchmal sogar in die Zentren menschlicher Siedlungen getrieben. Das hat in letzter Zeit zu genehmigten, aber auch illegalen Aktionen geführt, Brutkolonien zu vernichten oder brutwillige Saatkrähen zu vergrämen. Probleme durch Lärmbelästigung und Schmutz sind auch nicht zu übersehen. Natur- und tierschutzrechtlich vertretbare Eingriffe, die wirklich Erfolg versprechen, sind mit Vogelschutzorganisationen und Fachbehörden abzusprechen, die auch Kataloge geeigneter Maßnahmen erarbeitet haben. Grundsätzlich muss für eine Erfolg versprechende und naturschutzrechtlich genehmigte Vergrämung der Einzelfall geprüft werden, und meistens ist dazu mehr als eine Brutsaison erforderlich. Es muss damit auch gesichert sein, dass eine Vergrämung wirklich zu einer Verringerung der Lärmbelästigung und anderer Unannehmlichkeiten führt und damit das gewünschte Ziel erreicht wird. Eine Zersplitterung von Kolonien würde das Problem nicht beseitigen, sondern nur verlagern und könnte zudem zu einer Vermehrung der Brutpaare führen. In der Regel sind Brutkolonien nur von Februar bis Mitte Juni, also 3–4 Monate, besetzt. Und manchmal kann das Problem auch durch Planungen der Ortsentwicklung umgangen oder minimiert werden.

Gewaltige Schauspiele bieten **Schlafplatzansammlungen** im Winterhalbjahr; heimische Saatkrähen haben während dieser Zeit Zuzug von Wintergästen aus östlichen Gebieten erhalten. Abend für Abend strömen die Krähen aus einem weiten Umkreis zusammen, oft auch mit Dohlen vergesellschaftet. Schlafplätze wie Brutkolonien haben oft eine lange Tradition. Die Winterkonzentrationen sind teilweise zurückgegangen, da offensichtlich nicht mehr so viele Vögel aus Ost- und Nordosteuropa im Herbst nach Westen ziehen.

Saatkrähenkolonie im zeitigen Frühjahr

Dohle

Zusammenleben mit Rangordnung

Dohlen sieht man oft in Schwärmen, sie leben fast immer gesellig. Wenn man genau hinsieht, lassen sich in Dohlentrupps an winterlichen Schlafplätzen oder tagsüber auf offenen Flächen bei der Nahrungssuche oft Zweiergruppen erkennen. Dohlenpaare halten ein Leben lang zusammen. Durch ihre hellen Rufe sind Dohlen von anderen größeren schwarzen Vögeln leicht zu unterscheiden. Gebäudesanierungen haben manche Dohlenkolonien vertrieben, schlechtes Nahrungsangebot in der Agrarlandschaft sorgt für Probleme. Dohlen haben daher in manchen Gegenden abgenommen.

Dohlen vor der Brutkolonie

Regeln einer Rangordnung

Dohlen sind deutlich kleiner als Krähen. Sie bewegen sich auch schneller als die gemächlich schreitenden größeren Verwandten. Aus der Ferne wirken sie einheitlich schwarz, aus der Nähe matt dunkelgrau. ❶ Halsseiten und Nacken sind deutlich heller, fast silbergrau; eine schwarze Scheitelkappe hebt sich davon ab. Der im Vergleich zu Krähen relativ ❷ kurze graue Schnabel läuft gerade auf die Spitze zu. Auch im Schwarm sitzen die ❸ Partner eines Paares oft dicht beieinander.

In der Brutkolonie herrschen klare Verhältnisse. Männchen dominieren über Weibchen, deren Stellung in der Dohlengesellschaft vom Rang ihres Männchens abhängt. Solche Regeln sind aber nicht starr, sondern lassen auch Ausnahmen und Abweichungen zu. So kann ein Weibchen in schlechter Kondition von einem anderen verdrängt werden. Es gibt wie bei Krähen auch Nichtbrüter, die auf frei werdende Plätze nachdrängen. Nicht immer finden Dohlen eine größere Zahl von Nistgelegenheiten nebeneinander, um eine Kolonie zu gründen. Es gibt auch einzeln brütende Paare.

Am Dohlennest

Dohlen brüten in ❶ Löchern und Nischen oder geschützten Räumen, sei es in Felswänden, Bäumen, Ruinen oder hohen Gebäuden und Brücken, aber auch in geeigneten Nistkästen. Wenn möglich entstehen dabei Kolonien von vielen Paaren, die sich gemeinsam gegen Störungen und potenzielle Feinde einsetzen. Das ❷ hellgraue Auge verleiht dem Vogel einen aufmerksamen und durchdringenden Blick.

Um die oft sehr verschiedenartigen Hohlräume auf wohnliche Maße zu bringen, tragen Dohlen unterschiedlich viel Nistmaterial ein. In manchen Fällen entstehen große Materialansammlungen von Zweigen, Reisern, Grasbüscheln oder Erdklumpen. Dass dabei ein Kamin oder ein Abzugsrohr verstopft wird, kommt immer wieder einmal vor. Beide Partner arbeiten beim Nestbau zusammen, die Auskleidung der Nestmulde mit feinerem Material ist meist Sache des Weibchens. Wenn es das Angebot an Brutplätzen erlaubt, brüten Dohlen mit Stra-

Dohlenpaar an der Nesthöhle

ßentauben oder Turmfalken in enger Nachbarschaft. Das Weibchen brütet ohne Ablösung durch das Männchen, das seinerseits das brütende Weibchen mit Nahrung versorgt. In der Fütterung der Nestlinge wechseln sich beide Partner ab.

Nahrungssuche

Im Sommer suchen Dohlen auf ❸ nicht zu intensiv bewirtschaftetem Grünland nach bodenbewohnenden Kleintieren. Die Brutkolonien werden nach dem Ausfliegen der Jungen verlassen, im Herbst kehren aber manche Altvögel wieder zum Koloniestandort zurück. Noch bis 4 Wochen nach dem Verlassen des Nestes kümmern sich Dohleneltern um ihre Jungen, die mit ❹ weit aufgerissenem Schnabel um Futter betteln. Dieses Bettelverhalten, das alle jungen Singvögel zeigen, bezeichnet man als **Sperren**. Dabei wird der hell gesäumte rote Rachen dem mit Futter ankommenden Altvogel als Signal präsentiert.

Immer ❺ wachsam zu sein ist eine ständige Herausforderung für die Altvögel. Dohlen sind wie Krähen Allesfresser. Im Sommerhalbjahr leben sie hauptsächlich von Kleintieren, Insekten, Tausendfüßern, Spinnen, Würmern und Schnecken, verschmähen aber auch pflanzliche Nahrung nicht. Im Winterhalbjahr spielen Obst, Beeren, Getreidekeimlinge, aber auch organische Abfälle eine Rolle.

Dohlenpaar mit flüggem Jungvogel

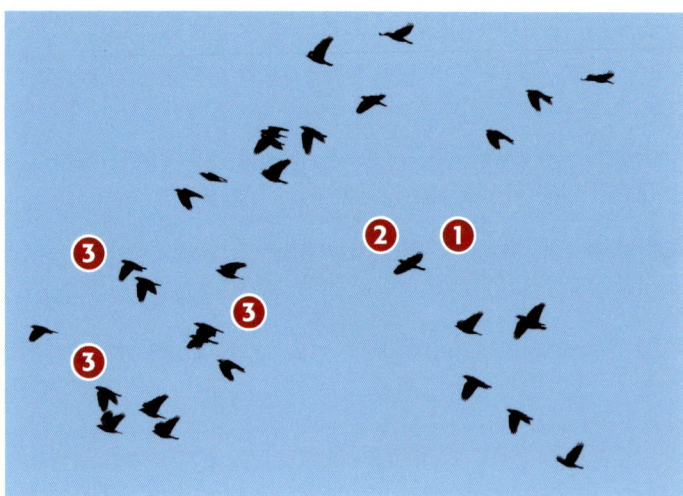

Dohlenschwarm

Die kleinen Unterschiede

Im Vergleich zu Krähen sind die ❶ Flügel der Dohlen länger. Der **Flügelschlag** ist schneller, die Flügel werden tiefer nach unten gesenkt. Daran kann man bei einiger Übung Dohlen von Krähen unterscheiden. Vorne wirkt das ❷ Flugbild einer Dohle wegen des dickeren Halses und des kürzeren Schnabels etwas gestaucht.
Mit Blick gegen den freien Himmel sind Größenunterschiede zwischen einander ähnlichen Vögeln ganz allgemein oft schwer einzuschätzen. Da hilft eine bewährte Regel weiter: Kleinere Vögel schlagen schneller mit den Flügeln als größere mit gleichem oder ähnlichem Flügelschnitt.

Flugmanöver und Schlafplatz

An ihren Brutplätzen, vor allem an Felswänden oder großen Bauten, führen Dohlen akrobatische Flugmanöver aus, auch beim Einfallen an einen Schlafplatz. Sie können Luftströmungen zu Gleitstrecken nutzen oder sich abtrudeln lassen, um dann mit kurz vor dem Aufsetzen vorgestreckten Beinen elegant zu landen. Von einem Sitzplatz lassen sie sich gern steil nach unten fallen und bekommen so rasch Luft unter die Flügel. Wenn Dohlen mit Krähen zum Schlafplatz fliegen, passen sie sich den langsamer fliegenden Verwandten an.
Im fliegenden Schwarm rücken Dohlen meist etwas dichter auf als Krähen. Man kann aber häufig die ❸ zueinander haltenden Paare erkennen. Es sind hier mindestens 6 unter den 29 Vögeln des Bildausschnitts.

Zu **Schlafplätzen** außerhalb der Brutzeit legen Dohlen oft erstaunliche Entfernungen zurück; bis über 20 Kilometer hat man schon ermittelt. Häufig sammeln sich die Vögel an einem Warteplatz auf einer Überlandleitung, Antenne oder Baumgruppe, an dem nach und nach einzelne Schwärme eintreffen. Wenn dann der eigentliche Übernachtungsplatz erreicht ist, kehrt aber noch lange keine Ruhe ein. Der morgendliche Abflug geht dann oft sehr rasch vor sich.
Dohlen sind **Teilzieher**. Vor allem die Jungen wandern nach West- und Südeuropa, Altvögel bleiben zum größten Teil in der Nähe der Brutplätze. Winterdohlen, die sich teilweise Saatkrähen anschließen, sind auch Wintergäste aus Finnland, Schweden und Ländern östlich von Deutschland. Im Herbst und Frühjahr ziehen nordische und östliche Dohlen zu und von ihren Winterquartieren bei uns durch, offenbar auch in der Mehrzahl Vögel im ersten Lebensjahr.

Flugbild einer Dohle

Eichelhäher

Alarmgeschrei und Vorratshaltung

Eichelhäher geraten schnell in Erregung, wenn sie in ihrem Revier etwas Ungewöhnliches entdeckt haben. Ihr heiserer Erregungsruf hat ihnen in der traditionellen Überlieferung die Rolle des Wächters im Wald eingebracht. Im Wald sind Eichelhäher tatsächlich auffallend scheu und können sich in Baumkronen oder Büschen hervorragend verbergen, so dass man von ihnen kaum etwas bemerkt. Auch ihr Nest ist in Bäumen meist gut versteckt. Am häufigsten sieht man die Häher im Spätsommer und Herbst, wenn sie in Parks und Gärten kommen, um Vorräte zu sammeln, oder auch kürzere Wanderungen unternehmen.

Eichelhäher bearbeitet einen Nahrungsbrocken.

Eichelhäher nah gesehen

Die verschwommenen Hintergrundfarben im Bild verraten Herbststimmung. In dieser Jahreszeit lassen sich Eichelhäher am besten beobachten, denn sie kommen jetzt oft aus den Wäldern ins offene Land und auch in menschliche Siedlungen. Auch im Winter tauchen die Waldvögel gelegentlich im Garten auf, besuchen manchmal Futterstellen. Dann sieht man erst, welch prächtiges Gefieder den sonst scheuen Waldvogel schmückt. Die ❶ hellblauen, fein schwarz gestreiften Federn am vorderen Flügelabschnitt, dem sogenannten Flügelbug, waren als traditioneller Hutschmuck begehrt und werden immer noch als Dekoration gehandelt. Die schwarzen ❷ Flügel mit weißen Abzeichen im Kontrast zum rosabraunen Gefieder sowie der ❸ weiß abgesetzte schwarze Schwanz machen Eichelhäher zu den auffälligsten heimischen Vögeln.

Eichelhäher ernähren sich vielseitig – im Sommer vor allem von Kleintieren –, greifen aber auch in Vogelnester und überwältigen Eidechsen oder Mäuse. Im Herbst und Winter leben sie überwiegend vegetarisch von Früchten und Samen. Nahrungsbrocken, die mit dem Schnabel erst bearbeitet werden müssen, ❹ klemmen sie mit beiden Füßen gegen einen festen Untergrund, um sie zu bearbeiten.

Versteckt und offen sichtbar

Im Wald sind  ruhig sitzende Eichelhäher nicht leicht zu entdecken. Sie machen sich bei Annäherung oft auch lautlos im dichten Gezweig davon. In manchen Jahren sieht man ziehende Eichelhäher über größere Strecken. Kleine lockere Trupps oder einzelne Vögel fliegen mit ihren etwas unregelmäßigen flachen Flügelschlägen hintereinander in einer Richtung über offenes Land. Da nur wenige heimische Eichelhäher ziehen, handelt es sich dabei wohl meist um Brutvögel aus östlichen Gebieten. Funde beringter Vögel sind von Tschechien bis Russland bekannt. Die eigentümliche Flugweise mit ❹ breiten, gerundeten Flügeln und der ❺ weiße Bürzel machen Eichelhäher schon aus großer Entfernung kenntlich.

Eichelhäher im herbstlichen Lärchenwald

Vorratswirtschaft

Oft sind die herbstlichen Ausflüge aber keine Zugbewegungen, sondern Transportflüge, um Vorräte zu sammeln. Schon bevor die Eicheln am Baum ausgereift sind, fliegen Eichelhäher ab August mitunter viele Kilometer über offene Strecken, um die Früchte an den Bäumen zu sammeln und in ihr Revier oder Aktionsgebiet einzutragen. Das kann Tag für Tag über weit mehr als einen Monat gehen. Meist stopfen Eichelhäher 5 und mehr Eicheln in den ❸ Schlund und nehmen noch eine letzte ❷ in den Schnabel. Am Ziel wird jede Eichel einzeln in ein in den Boden gebohrtes Loch oder in einen Spalt versenkt. Danach schließen die Häher das Versteck mit Sand oder Erde durch seitwärts wischende Bewegungen des Schnabels und scharren sogar oft noch Laub oder Streu darauf. Im Winter und Frühjahr, manchmal noch bis in den Juni hinein, werden die Vorräte gezielt aufgesucht. Die Häher orientieren sich dabei auch an Marken über dem Boden, so dass sie ihre Verstecke selbst bei hoher geschlossener Schneedecke wiederfinden. Man hat nach Beobachtungen geschätzt, dass ein einzelner Vogel Tausende von Eicheln in einer Saison sammelt und versteckt. Nur ein kleiner Teil der vergrabenen Eicheln wird von den Vögeln auch tatsächlich genutzt, sei es, dass die eingelagerten Früchte vergessen oder auch nicht mehr gebraucht werden. Dieser Rest trägt zur Verbreitung der Eiche bei, Eichelhäher betätigen sich also regelrecht als Waldbauern.

Eichelhäher, Transportarbeit ins Vorratslager

Elster

Auffälligkeit schafft Vorurteile

Die Elster ist besser als ihr Ruf. Diebisch ist sie jedenfalls nicht, lediglich neugierig. Sie legt auch Vorräte an, aber jeweils nur für wenige Tage. Elstern halten sich häufiger in menschlichen Siedlungen auf, weil sie aus der ausgeräumten Agrarsteppe abwandern müssen. Insgesamt hat aber keine großräumige Zunahme stattgefunden, in Deutschland sogar eine Abnahme im letzten Jahrzehnt. Die Hauptnahrung sind boden-bewohnende wirbellose Tiere, allen voran Regenwürmer. Tierische Nahrung wird im Winter durch vegetabilische ersetzt. Elstern kommen auch an Futterstellen, die Körner bereithalten.

Elster im Streckenflug

Unverkennbar

Elstern, die kleinsten heimischen Rabenvögel, kennt jeder. Die auffälligen schwarzweißen Vögel zeigen sich meist ganz offen, wenn sie am Boden Nahrung suchen oder mit keckernden und schackernden Rufreihen exponiert in Baum und Busch auf sich aufmerksam machen. Der Streckenflug mit dem wie eine Schleppe nachgezogenen ❶ langen Schwanz wirkt langsam und fast etwas unbeholfen. Fast scheint es so, als ob die Vögel Mühe hätten, eine größere Strecke zu überwinden. Elstern er-reichen mit 30–40 Kilometern pro Stunde keine Spitzengeschwindigkeiten. Die äußere Hälfte der relativ kurzen breiten ❷ Flügel ist fast ganz weiß, unter den heimischen Landvögeln einzigartig. In den flatternden und etwas unregelmäßigen Flügelschlägen werden die äußeren Flügelfedern (Handschwingen) auseinander gedrückt, so dass die Flügel wie ausgefranst wirken.

Elstern, die heute häufiger als früher in Gärten kommen, weil sie in der ausgeräumten Agrarlandschaft kaum mehr Lebensgrundlagen finden, haben das Vorurteil wieder belebt, sie würden kleine Singvögel dezimieren. Jungvögel sind als Elsternbeute nachgewiesen. Aber es gibt keine Belege für die Behauptung, Elstern würden den Bestand anderer Vogelarten beeinträchtigen.

Elsternest

Solider Bau mit Dach

In Bäumen, Büschen und Hecken legen Elstern ihre **Kugelnester** an. Man entdeckt sie oft erst, wenn im Herbst das Laub gefallen ist. Der Außenbau besteht aus Zweigen und kleinen Ästen, die über der eigentlichen Nestmulde zu einem ❶ Dach zusammengefügt werden. Das Paar beginnt mit dem Bau, indem es zunächst auf einer tragfähigen Unterlage eine Platt-form aus Zweigen anlegt, auf die es dann Erd- und Schlammklumpen als festen ❷ Unterbau zur Verankerung einträgt. Die darin entstehende Lehmmulde wird mit Haaren und feinem Pflanzenmaterial ausgelegt und ist die eigentliche Kinderstube. Das Dach entsteht, wenn ein bauender Vogel das seitliche Nistmaterial von innen hoch stößt oder Zweige auf die deckenden Äste des Baumes

oder des Busches legt, der den Nestbau trägt. Der Nesteingang ist dann seitlich.

Geeignete sichere Neststandorte sind im Kulturland oft nicht zahlreich. Da ist es gut, dass der umfangreiche Bau auch eine beachtliche Haltbarkeit hat und oft nach kleineren Ausbesserungsarbeiten im nächsten Jahr wieder benutzt werden kann. Auch andere Vögel interessieren sich für alte Elsternnester, z. B. Waldohreulen und Turmfalken. Elstern unternehmen nur eine Jahresbrut, für mehr ist nicht Zeit. Sie können aber mehrere Versuche mit Nachgelegen unternehmen, wenn ein erster Brutversuch durch Störung oder Naturereignisse aufgegeben werden muss.

Elster nah gesehen

Aus der Nähe glänzen je nach Lichteinfall die dunklen Gefiederpartien und vor allem die ❸ Flügel und langen ❹ Schwanzfedern metallisch grün oder blau. Auf dem Boden wirken Elstern besonders elegant, wenn sie beim raschen Schreiten den langen Schwanz etwas anheben. Mit ihren ❺ relativ langen Beinen springen sie auch auf kleine Erhöhungen und können vor allem auch erstaunlich geschickt im Geäst von Bäumen und Büschen hochsteigen oder auf Ästen laufen.

Ihre Nahrung suchen Elstern hauptsächlich am Boden auf frisch gemähten oder kurzrasigen Wiesen oder spärlich bewachsenen Flächen. Mit dem relativ langen Schnabel stochern sie in den obersten Bodenschichten, graben tiefer, wenden Laub oder Streu oder schnappen nach vorbeifliegenden Insekten.

Elstern suchen häufig am Boden Nahrung.

Kohlmeise

Immer für Überraschungen gut

Stammt das »pink« vom Buchfinken, ruft eine Sumpfmeise, zetert eine Blaumeise, singt eine Tannenmeise? Oft wird es schwierig zu unterscheiden, wenn Kohlmeisen in der Nähe sind, denn sie können alle Laute. Es lohnt sich, den Alltagsvögeln Aufmerksamkeit zu schenken, denn sie sind vielseitig und neugierig. In Bäumen suchen Kohlmeisen häufig nahe am Stamm nach Nahrung, kommen im Herbst oft auf den Boden herunter und wenden Falllaub, inspizieren Spalten hinter Fensterläden, zupfen Fäden für die Nestpolsterung aus einem Balkonkissen oder holen sich in einem Park auch mal ein Korn von der ausgestreckten Hand.

Die kleinen Unterschiede

Kohlmeisen, die größten und häufigsten heimischen Meisen, sind allbekannt. Wenn sie als willkommene Gäste am Futterhaus erscheinen, kann man bei näherem Hinsehen aber vielleicht noch Neues entdecken.

Alle Kohlmeisen tragen einen ❶ glänzend schwarzen Kopf mit einem großen weißen Wangenfeld. Daran sind sie schon von Weitem zu erkennen.

Die ❷ Unterseite ist gelb, der ❸ Rücken moosgrün. Unterschiede zeigen sich im schwarzen Streifen, der sich von der Kehle über die Mitte der ganzen Unterseite zieht. Bei den Weibchen ist dieser

Kohlmeise, Weibchen

Kohlmeise, Männchen

Streifen ❹ dünn und an der einen oder anderen Stelle unterbrochen, beim Männchen zieht er sich ❺ breit über Brust und Bauch. Es ist nicht immer ganz einfach, diesen Unterschied bei den quirligen Vögeln deutlich zu Gesicht zu bekommen, aber nach einiger Zeit kann man Männchen und Weibchen auf einen Blick unterscheiden.

Sind Kohlmeisen vor allem im Spätsommer und Herbst matt und etwas verwaschen gezeichnet, handelt es sich um Jungvögel des Jahres. Erst wenn sie in das Alterskleid gemausert haben, kann man sie als Weibchen und Männchen auseinanderhalten. Das ist spätestens ab September der Fall.

Höhlenbrüter und Wissenschaft

Nach Buchfink und Amsel und noch vor dem Haussperling ist die Kohlmeise Deutschlands häufigster Brutvogel. In Gärten und Parks ist daher meist der größte Teil der Nistkästen von Kohlmeisen besetzt. Immer wieder versucht es ein Paar auch in einem Briefkasten, einem hohlen Metallpfosten, Masten oder in kleinen Höhlungen in Mauern. Baumhöhlen sind in menschlichen Siedlungsräumen, in denen Kohlmeisen heute außerordentlich verbreitet sind, ja längst knapp geworden.

Die am häufigsten eingesetzten **Meisenkästen** bestehen aus ❶ Holzbeton, einem Gemisch aus 5 Teilen Sägespänen und 3 Teilen Zement, das in eine Form gegossen wird. Die ❷ Vorderwand ist meist aus einer härteren Mischung, um zu verhindern, dass Buntspechte die Höhle aufhacken und die Nestlinge als Nahrung betrachten. Das kommt immer wieder einmal vor. Die Vorderwand ist außerdem verschiebbar eingesetzt, so dass man sie zur Kontrolle des Brutablaufs und später auch zur Säuberung herausziehen kann. Mit Nisthöhlen aus Holzbeton verschiedenster Formen wird seit vielen Jahrzehnten intensive Forschung betrieben, so dass die Kohlmeise zu den bestuntersuchten Vögeln zählt und an ihr manche grundlegenden Fragen des Lebens beantwortet werden konnten. Das gilt etwa für den Einfluss des Nahrungsangebots auf den Fortpflanzungserfolg oder die individuellen Beiträge zum Genbestand der nächsten Generation, die man in der Biologie als individuelle **Fitness** zusammenfasst. Auch für die Beantwortung zu Fragen, wie sich

Kohlmeise trägt Kotballen aus dem Nest.

der Klimawandel auf das Schicksal von Vogelpopulationen auswirkt, eignen sich Höhlenbrüter besonders gut, da man viele Daten unter relativ einfachen Arbeitsbedingungen sammeln kann. Manche Kohlmeisenpopulationen in Europa werden schon über Jahrzehnte von Forscherteams genau kontrolliert.

Nesthygiene

Wichtig für das Gedeihen von Nesthockerjungen ist Nesthygiene, denn Parasiten und Krankheiten können den Bruterfolg nicht nur einzelner Paare, sondern auch ganzer Vogelpopulationen entscheidend beeinflussen. Bei Höhlenbrütern in geschlossenen Räumen lassen sich Abfälle und Endprodukte der Verdauung nicht einfach über den Nestrand entsorgen. Hier

sind die fütternden Altvögel daher ganz besonders gefordert. In den ersten Tagen verzehren die Eltern die Kotballen der Kohlmeisennestlinge, die offensichtlich noch sehr energiereich sind. Später wartet der fütternde Altvogel nach jeder Fütterung einige Sekunden auf die Kotabgabe der Jungen und trägt den mit einem feinen Häutchen eingehüllten ❸ Kotballen beim Start zu einer neuen Futtersuche aus der Nesthöhle.

Bei genauem Hinsehen lässt sich erkennen, dass hier wohl ein ❹ Weibchen das Nest sauber hält. Man kann auch aus der Ferne ohne nähere Kontrollen am Wegtragen des weißen Päckchens erkennen, dass die Brut vor mehreren Tagen geschlüpft sein muss.

Blaumeise

Man muss sie einfach gern haben

Blaumeisen sind Sympathieträger. Gestalt, Färbung, Zeichnungsmuster und lebhaftes Verhalten passen wunderbar zusammen, wenn man an einen niedlichen Vogel denkt. Wie Kohlmeisen erscheinen auch Blaumeisen regelmäßig an Futterhäusern und sind Höhlenbrüter, die Nistkästen gerne annehmen. Wie diese sind auch sie in ganz Mitteleuropa häufig, auch wenn ihr Brutbestand in Deutschland auf rund eine Million Brutpaare weniger geschätzt wird. Blaumeisen sind Standvögel, aber Jungvögel scheinen oft Wanderneigung zu verspüren, so dass man im Herbst ziehenden Blaumeisentrupps begegnen kann.

Blaumeise, vermutlich ein Männchen

schlechtern, aber auch individuelle Unterschiede. Männchen sehen für Blaumeisenweibchen wohl noch prächtiger aus als für unser Auge. Die Reflexion ultravioletter Strahlen beeinflusst die Weibchen in ihrer Männchenwahl, da sie an der Färbung auf die Qualität der Männchen schließen. Umgekehrt soll ein Männchen an der Reflexion ultravioletter Strahlen von der Kopfkappe des Weibchens die Chancen für den Nachwuchs einschätzen können und sich bei positivem Signal stärker an der Fütterung der Jungen beteiligen.

An der gelben Unterseite gibt es keine wesentlichen Unterschiede zwischen Männchen und Weibchen, denn meistens ❸ fehlt ein dunkler Streifen oder ist sehr schmal.

Bemerkenswert ist der ❹ kleine kurze Schnabel, mit dem kleinste Insekten von Blättern abgelesen oder z. B. aus Schilfhalmen herausgehackt werden können.

Blau verschieden gesehen

Blaue Vögel gibt es in Mitteleuropa nur wenige. Das strahlende Blau auf dem ❶ Scheitel oder den ❷ Schwanzfedern der Blaumeise ist daher etwas Besonderes. Weibchen wirken geringfügig blasser als Männchen, aber nur für unser Auge. Vögel können ultraviolettes Licht wahrnehmen und sehen daher Farben anders als wir. Im ultravioletten Licht gibt es deutliche Unterschiede in der Leuchtkraft der blauen Kappe zwischen den Ge-

Höhlenbrüter mit kleinem Zugang

Wie Kohlmeisen sind auch die kleineren Blaumeisen Höhlenbrüter, die ihre Nester in Nistkästen, kleinen Baumhöhlen und -spalten oder gelegentlich auch in anderen kleinen Höhlungen anlegen. Sie brauchen nur kleine Einschlupflöcher. Wenn man Nistkästen für Blaumeisen aufstellen will, die Kohlmeisen ausschließen, eignen sich Nistkästen mit einem Fluglochdurchmesser von 26–27 Millimetern. Selbst in engen ❶ Mauerritzen brüten Blaumeisen. Auch hier wird selbstverständliche Nesthygiene betrieben und der ❷ Kot der Jungen nach jeder Fütterung entfernt.

Ein Gelege der Blaumeise umfasst 9–11 Eier, manchmal sind es auch mehr. Und manche Weibchen produzieren 2 Gelege im Jahr. Diese auch für kleine Singvögel sehr hohe Reproduktion muss offenbar eine hohe Sterblichkeitsrate ausgleichen. Blaumeisen haben ihren Bestand in Mitteleuropa halten können, die Werte fluktuieren allerdings. Es gibt eben gute und schlechte Jahre.

Manchmal sind Blaumeisen in größeren Trupps auf Wanderung, vor allem wenn in nördlichen Gebieten viel Nachwuchs den Sommer überlebt hat und die Nahrung knapp geworden ist. Die Hauptzugrichtung der im Herbst wegziehenden Vögel ist wie bei vielen Teil- und Kurzstreckenziehern Südwesten. Man sieht dann gelegentlich Schwärme von mehr als 100 Vögeln, die mit nicht sehr hohem Tempo in Bogenflügen von Baumgruppe zu Baumgruppe fliegen. Die Mehrzahl der heimischen Blaumeisen bleibt den Winter über in der Nähe des Brutortes. Am Futterhaus erscheinen sie einzeln oder in kleinen Trupps und hängen sich besonders gern an Kugeln aus einem Fettfuttergemisch und wissen sich ungeachtet ihrer geringen Körpergröße gut auch gegen kräftiger erscheinende Futtergäste durchzusetzen.

Jungvögel

Junge Blaumeisen tragen kein Blau. Frisch aus dem Nest betteln sie noch mindestens 2 Wochen ihre Eltern um Futter an. Helle ❸ Schnabelwinkel und zitternde

Blaumeise, Nest mit Jungen in einer Mauerritze

Flügel wirken auch hier als Signal für die Altvögel, in der Versorgung nicht nachzulassen. Die ❹ Oberseite ist noch einfarbig hellgrau. Einige Wochen später begegnet man selbständigen Jungen im fertigen ❺ Jugendkleid, das zwar immer noch kein schönes Blau, aber immerhin die typische ❻ Kopfzeichnung erkennen lässt. Bis Ende September ist dann meistens die Mauser ins erste Alterskleid abgeschlossen.

Junge Blaumeise noch im Familienverband

Blaumeise im Jugendkleid, schon selbständig

Sumpfmeise

Die Meise, die man suchen muss

Ungeachtet ihres Namens sind Sumpfmeisen eigentlich Laubwaldbewohner, die auch Parks und Gärten besiedelt haben und regelmäßig ans Futterhaus kommen. Allerdings sind sie nirgends dort häufig, denn ein Brutrevier umfasst mehrere Hektar. Nistkästen werden angenommen, seltener auch Mauerlöcher. Auch außerhalb der Brutzeit beanspruchen Sumpfmeisen größeren Raum für sich. Man sieht sie gelegentlich in Gesellschaft anderer Meisen, kaum jemals aber mehr als 2 von ihnen an einem Ort. Als Besucher von Futterplätzen haben sie es eilig, holen sich ein Korn und verschwinden rasch wieder.

Sumpfmeise

Kurzer Steckbrief

Sumpfmeisen sind die unauffälligsten Meisen, leicht zu übersehen und zu überhören. Sie melden sich mit kurzen und gedämpften »zidä«, die Gesangsstrophe mit einfachen rhythmischen oder klappernden Elementen dauert nur 2 Sekunden. Die Färbung des kleinen lebhaften Vogels ist grau mit einer helleren ❶ Unterseite, die manchmal fast weiß erscheint, und einer graubraunen ❷ Oberseite. Das auffälligste Kennzeichen ist die schwarze ❸ Kopfkappe, die sich gegen das helle Gesicht scharf abhebt. Ein kleiner schwarzer ❹ Kehlfleck sitzt unter dem spitzen kleinen Schnabel.

Vorratswirtschaft am Futterhaus

Sumpfmeisen leben in Dauerehe, Partnertreue über 4 Jahre ist nachgewiesen. Man sieht sie also meistens paarweise. An der Futterstelle erscheinen meist nur Einzelvögel. Ihre kurzen Besuche können sich in rascher Folge wiederholen, so dass eine Chance besteht, den eiligen Besucher beim nächsten Mal auch zu erkennen. Nach Meisenart tragen Sumpfmeisen Körner vom Futterhaus fort, aber oft nicht, um sie in der nächsten Deckung zu bearbeiten und zu verzehren, sondern um sie in Rindenspalten, zwischen Flechten und Moosen an Ästen oder im Boden als Vorrat für die nächsten Tage zu verstecken.

Haubenmeise

Eleganz im Nadelwald

Auch wenn scheinbar alle Vögel den winterlichen Fichten- oder Kiefernwald verlassen haben, ist der schweigende Winterwald nicht ganz stumm. Ab und zu hört man leise etwas gurgelnde, gedämpfte Triller, etwa wie »gürrr« oder »zi gürrr«. Sie verraten, dass Haubenmeisen auch in der kalten Jahreszeit ihrem meist mehrere Hektar großen Revier treu geblieben sind. Die Revierbesitzer leben dort in Dauerehe. Andere, vor allem jüngere Vögel streifen einzeln oder in kleinen Gruppen herum, kommen dabei aus dem Wald auch in Parks und Gärten.

Haubenmeise im Anflug zum Nest

Immer eine nette Begegnung
Mit Farbenpracht haben es Haubenmeisen nicht. Sie setzen auf vornehme Eleganz. Kein anderer heimischer Singvogel hat eine ähnlich filigrane Kopfzierde. Die ❶ Haube ist immer sichtbar, kann aber unterschiedlich hoch aufgerichtet werden. Ein großer schwarzer ❷ Kehllatz, ein schmales Halsband und ein Bogenstrich durch das Auge und um das Gesicht ergeben eine aparte Kopfzeichnung. Die ❸ Oberseite ist dagegen schmucklos bräunlich. An winterlichen Futterstellen zählen Haubenmeisen zu den Ausnahmegästen. Sie sind nur dann zu erwarten, wenn der Wald nicht weit ist oder wenigstens einige Nadelbäume in der Nähe stehen. Haubenmeisen verhalten sich außerhalb der Deckung meist sehr vorsichtig. Wie bei allen Meisen besteht im Sommer die Nahrung aus ❹ Insekten, mit denen auch die Jungen gefüttert werden. Im Herbst und Winter leben Haubenmeisen vor allem von Samen der Nadelbäume. Sie sind Höhlenbrüter, kommen aber kaum in Nistkästen. Bruthöhlen hacken sie sich in der Regel selbst ins morsche oder tote Holz.

Tannenmeise

Fleißaufgabe für Vogelfreunde

Tannenmeisen zu entdecken ist nicht ganz einfach, obwohl die lebhaften kleinen Vögel in Fichten- und Kiefernwäldern weit verbreitet sind. Dort hört man fast das ganze Jahr über ihren einfachen Gesang wie »zide zide«, sieht die Vögel aber kaum, wenn sie zwischen dicht benadelten Zweigen herumturnen. Auch Kohlmeisen singen so, ihre Stimme ist aber deutlich kräftiger. Man muss also genau hinhören, vor allem weil Tannenmeisen immer wieder auch in Parks und Gärten und damit in das Reich der Kohlmeisen kommen und manchmal unerwartet an Orten auftauchen, an denen man nicht mit ihnen rechnet.

Tannenmeise im Winter am Futterhaus

Die kleinen Unterschiede

Viele Vögel sitzen, selbst wenn sie ungestört sind, meist nicht still, schon gar nicht die lebhaften Meisen. Der kurze Augenblick, ungünstiger Lichteinfall oder Position und Haltung des Vogels, um den es geht, machen Vogelbestimmung manchmal zu einer detektivischen Ermittlung. Auch am Futterhaus reicht ein kurzer Blick oft nicht aus, um einen Vogel sicher zu identifizieren. Da sitzt eine kleine Meise mit ❶ bleigrauem Rücken und dreht den Kopf leicht aufgeschreckt zur Seite. Ein schwarzer Kopf mit dem ❷ großen weißen Wangenfeld wird sichtbar. Also eine Kohlmeise, doch manches passt nicht zu dieser Diagnose. Dagegen sprechen nämlich die zu geringe Körpergröße und der graue Rücken. Bei der Kohlmeise müsste außerdem der Rücken moosgrün sein (s. S 59). Dann könnte es eine Tannenmeise sein, doch 2 wichtige Merkmale, die in Büchern angegeben werden, sind auch auf dem schnell geschossenen Foto nicht zu sehen: der weiße Nacken und vor allem die graue Unterseite statt der gelben Unterseite der Kohlmeise. Bei eingehender Betrachtung des Bildes stößt man aber auf ein weiteres Merkmal, das für eine Identifizierung wichtig ist: Tannenmeisen haben im Unterschied zu Kohl- und Blaumeise ❸ 2 weiße Flügelbinden.

Tannenmeise

dender Vogel könnte also eine Tannenmeise sein. Man vermutet, dass Bodenbruten eine Folge des Konkurrenzdrucks durch größere Höhlenbrüter sind. Vor allem in heutigen Wirtschaftswäldern ist das Angebot an natürlichen Baumhöhlen oft knapp. Nistkästen können die Situation entschärfen. Sie haben Tannenmeisen mittlerweile auch in Misch- und sogar Laubwälder gelockt, selbst in Parks und Gärten. Bevorzugt werden Nisthöhlen mit kleinem Einflugloch, ein Durchmesser von etwa 26 Millimetern wird empfohlen.

Noch andere Gründe führen Tannenmeisen in Parks und Gärten, oft ganz unerwartet in größerer Zahl. Langfristig haben Tannenmeisen nicht abgenommen, Brutbestände und Nachwuchs schwanken von Jahr zu Jahr aber oft erheblich. Häufiger als bei anderen Meisen sind daher im Herbst größere Scharen Tannenmeisen auf Wanderschaft, manchmal kann man von regelrechten Invasionen sprechen. Sie werden wohl ausgelöst, wenn das Angebot an Nahrung knapp geworden ist. Das gilt vor allem für Jahre mit wenig Fichtensamen. Bei uns durchziehende Tannenmeisen kommen in der Regel aus nordöstlicher Richtung. Heimische verbringen den Winter meist in der Nähe der Brutorte, einige ziehen auch in südwestliche Richtung ab.

Die andere Seite

Sobald sich eine Tannenmeise umdreht, ist der Fall durch den Blick auf die ❶ graue Unterseite gelöst. Die schwarze Zeichnung beschränkt sich auf einen großen ❷ Kehllatz, der sich nicht in einem schwarzen Bauchstreifen fortsetzt. Manchmal sträuben sich die schwarzen Federn am hinteren Oberkopf zu einer kleinen ❸ Haube oder einem Eck. Den als sicheres Merkmal genannten großen weißen Nackenfleck sieht man auf keinem der 3 Bilder. Wenn ein Mensch in der Nähe ist, schauen Tannenmeisen ihn an,

nicht von ihm weg. Es gibt also Einzelheiten, die man auch bei häufigen Vögeln nicht so oft zu Gesicht bekommt, auch nicht mit einem Fernglas. Auf die beiden ❹ weißen Flügelbinden kann man sich schon eher verlassen.

Konkurrenz im Nadelwald

Der typische Lebensraum der Tannenmeisen ist der Nadelwald, in Mitteleuropa vor allem die **Fichte**. Hier brüten sie in Baumhöhlen und Spechtlöchern sowie manchmal auch in Bodenhöhlungen. Ein wie eine Maus unter einem überhängenden Wurzelteller verschwin-

Schwanzmeise

Akrobat mit Balancierstange

An Futterstellen interessieren sie sich für Meisenknödel, an denen sie herumturnen und mit ihren kurzen Schnäbeln kleine Futterbrocken zwischen den Maschen herausholen. Sonst turnen Schwanzmeisen an dünnen Zweigspitzen, um mit ähnlicher Technik Blattläuse und andere Kleininsekten sowie Eier und Spinnen in frühen Entwicklungsstadien aus Blattachseln oder Knospen herauszuholen. Der überlang erscheinende Schwanz unterstützt die Vögel als Balancierstange bei ihren akrobatischen Bewegungen, bei denen sie oft mit dem Rücken nach unten hängen.

Junge Schwanzmeise

Kletternd durchs Leben

Schwanzmeisen sind als kleine turnende und fliegende Federbällchen mit langem Schwanz unverkennbar. Sie sind aber keine Meisen, sondern bilden eine eigene Vogelfamilie mit mehreren Arten ohne extrem lange Schwanzfedern in Asien und einer langschwänzigen, namensgebenden Art in Mitteleuropa.

Von Meisen unterscheiden sich Schwanzmeisen nicht nur durch den überlangen Schwanz, sondern auch mit vielem in ihrer Lebensweise. Aus nächster Nähe ist der kleine etwas ❶ stumpf wirkende Schnabel ein Merkmal, das mit dem spitzen Meisenschnabel wenig Ähnlichkeit hat. Die ❷ dünnen Beine und zarten Füße unterscheiden sich von den kräftigen Extremitäten, die selbst die kleinsten der heimischen Meisen kennzeichnen.

Schwanzmeisen klettern und hangeln an den dünnsten Zweigen, oft auch mit dem Rücken nach unten. Sie können sogar kopfunter an Zweigen hüpfen. Auf den Boden kommen sie nur ausnahmsweise herunter und bewegen sich auf horizontalen Flächen langsam und etwas unbeholfen. Im wellenförmigen Flug mit schnurrenden Flügeln überqueren sie nur selten größere Freiflächen. Breit gefärbte ❸ dunkle Kopfseiten sind Kennzeichen für das Jugendkleid. Die Jungvögel werden nach dem Verlassen des Nestes noch etwa 2 Wochen von den Eltern gefüttert.

Schwanzmeise, weißköpfig

Der **4** Schwanz ist bei Altvögeln so lang wie Kopf und Rumpf zusammengenommen. Nachweislich können Schwanzmeisen ohne ihn nicht so geschickt klettern. Ist im Frühjahr eine Schwanzmeise mit verbogenem Schwanz zu sehen, hat man einen Vogel vor sich, der eben vom Brüten aus dem geschlossenen Nest kommt, in der Regel das Weibchen eines Brutpaars.

Fütterung

Für Schwanzmeisen, die einer Fütterung meist nur gelegentliche Besuche, dann aber meist in einem kleinen Trupp abstatten, sind hängende **5** Futterbrocken und -mischungen das richtige Angebot. In Talg oder Fett als Bindemasse sollten jeweils nur kleine harte Stückchen, am besten von Nüssen, enthalten sein. Auch gekochte Kartoffeln oder Brotkrumen werden von Schwanzmeisen genommen, dürften aber keine nennenswerte Rolle in ihrem Energiehaushalt spielen.

Die kleinen Unterschiede

sind bei Schwanzmeisen, die in mehreren Unterartengruppen in Europa verbreitet sind, nicht immer eindeutig zu interpretieren. Die mitteleuropäischen Brutvögel sind streifenköpfig, tragen an der Kopfseite einen **1** breiten, bogenförmigen dunklen Streifen, der über dem Auge beginnt, den weißen Scheitel einrahmt und bis nach hinten auf den Rücken verläuft. Er ist deutlich abgesetzt und viel schmaler als die schwarze Kopfseitenfärbung der Jungvögel (s. vorige Seite). Die **2** Schulterfedern sind weinrötlich. In Nord- und Osteuropa brütende Schwanzmeisen haben einen **3** reinweißen Kopf. Nun sieht man hierzulande vor allem im Winter unter den Schwanzmeisentrupps immer wieder weißköpfige. Sie sind aber höchstwahrscheinlich keine nordischen Wintergäste, da Mitteleuropa von nordischen Vögeln wohl nur im äußersten Nordosten erreicht wird und nicht zum normalen Überwinterungsgebiet der Nordländer zählt. Heimische Schwanzmeisen sind keine Zugvögel. Aber die schwarzen Kopfstreifen sind bei Mitteleuropäern oft unterschiedlich deutlich ausgebildet. Es gibt auch weißköpfige, die dann mit nordischen Vögeln zu verwechseln sind. Die Unterarten auseinanderzuhalten ist also problematisch. Auf alle Fälle ist im Süden Deutschlands und in der Schweiz nicht mit nordischen und östlichen Weißköpfen zu rechnen.

Schwanzmeise, streifenköpfig

Kunstvolles Nest

Schwanzmeisen sind keine Höhlenbrüter wie Meisen. Sie bauen ein kunstvolles, ❶ rundum geschlossenes Nest mit einem seitlichen Eingang. Die solide Bauweise erlaubt unterschiedliche Standorte; meist stehen die Nester nicht sehr hoch in Bäumen und Büschen. Wichtig ist jedoch, dass in einer Astgabel oder zwischen Seitenästen und Stamm Möglichkeiten für eine feste ❷ Verankerung bestehen. Als Alternative kommen Hängenester an Zweigspitzen in höheren Bäumen in Frage. Der Bau besteht aus Moos und Spinnweben sowie kleinen Halmen, Pflanzenfasern und Haaren. Die Außenwand ist mit ❸ Flechten besetzt, so dass oft eine hervorragende Tarnung erreicht wird. Bewundernswert ist die Auspolsterung mit kleinen Federn. Bis über 2000 hat man schon in einem Nest gefunden. Der Nestbau, an dem sich Männchen und Weibchen beteiligen, kann fast einen Monat in Anspruch nehmen. Das Ergebnis bietet Eiern und Nestlingen nicht nur Schutz, sondern ist auch eine gute

Schwanzmeise am Nest

Wärmestube. Die ersten Eier werden oft schon Ende März gelegt.

Gruppendynamik

Die meiste Zeit im Jahr sieht man Schwanzmeisen in Trupps. Auch an Nestern kann man gelegentlich mehr als 2 Altvögel entdecken. Bei Schwanzmeisen kommen Helfer vor, Vögel, die ihre eigene Brut verloren haben und meist mit dem Männchen des Brutpaares, das sie bei der Aufzucht unterstützen, verwandt sind. Davon profitiert die Brut des Paares, aber auch der Helfer, der entfernte Verwandte mit großzieht und dadurch selbst eigene Erfahrungen sammelt. Ob dieses interessante System weiter verbreitet ist, muss noch geklärt werden.

Nach dem Ausfliegen der Jungen bilden sich meist Familientrupps, die sich mit einigen anderen Individuen auch den Winter über halten. Die Gruppenmitglieder verteidigen gemeinsam ein Revier, halten tagsüber zusammen und nächtigen im Winter oft mit Körperkontakt. Bei einem Ortswechsel folgen die Vögel einander. Will man wissen, wie viele Schwanzmeisen in einem Baum herumwuseln, braucht man nur zu warten, bis die erste zum nächsten Baum startet und kann dann die ihr folgenden abzählen. Im Trupp am Meisenknödel sind 2 ❹ Vögel mit dunklem Kopfstreifen und 2 mit kaum angedeutetem, also fast ❺ weißköpfige Schwanzmeisen zu erkennen.

Winterlicher Schwanzmeisentrupp

In unterholzreichen Laubwäldern mit Bäumen verschiedenen Alters lebt eine große Artenvielfalt.
Sie zählen daher auch zu den vogelreichsten Lebensräumen. Sterbende oder tote Bäume sind unersetzliche Elemente eines Biotops voller Leben.

Kleiber

Klebender Kletterkünstler

Kleiber sind Höhlenbrüter und können sich gegenüber größeren Konkurrenten beim Belegen begehrter Neststandorte durchsetzen, indem sie den Höhleneingang mit feuchter Erde oder Lehm verengen und auf ihre Körpergröße anpassen. So wird aus einem großen Spechtloch ein passendes kleines Kleiberloch. Auch in anderer Hinsicht sind Kleiber einmalig. Beim Klettern an senkrechten Baumstämmen brauchen sie keinen Stützschwanz einzusetzen wie Spechte und Baumläufer. So können sie sich mit geeigneter Klettertechnik auch stammabwärts bewegen, was keinem anderen heimischen Vogel möglich ist.

Die Welt kopfunter gesehen

Kein anderer heimischer Vogel kann kopfunter in der Senkrechten hängen und dabei noch aufmerksam die Umgebung beobachten. Kleiber verlassen sich auf kräftige ❶ Beine und starke ❷ Krallen, die sich in kleinste Unebenheiten einhängen können. Dazu kommt noch eine ausgefeilte Technik: Mit dem oberen Fuß hängt sich der Vogel ein, mit dem unteren stützt er sich ab. Diese Zweifachsicherung erlaubt, sich an rauer, senkrechter Unterlage auf- und abwärtszubewegen. Kleiber klettern eigentlich nicht, sondern hüpfen in der Senkrechten nach oben und nach unten, meist mit der Körperachse schräg zur Bewegungsrichtung. Die Füße schlagen bei jeder Landung kurz nacheinander in die Unterlage, der doppelte Griff ober- und unterhalb wird in den Sprüngen nicht aufgegeben. Er hält den Vogel so sicher, dass bei Kontrolle der Umgebung oder vor dem Abflug der ❸ Vorderkörper weit von der Unterlage abgehoben werden kann. Der ❹ Schwanz ist kurz; er braucht nicht als Stütze eingesetzt zu werden. Mit dem relativ ❺ langen kräftigen Schnabel stochern Kleiber in Rindenritzen und können auch Rindenstücke absprengen, um so an Insekten, Spinnen und andere Kleintiere zu kommen.

Kleiber kurz vor dem Abflug

Energisches Auftreten am Futterplatz

Kleiber sind Waldvögel, die in Laubwäldern eine höhere Dichte erreichen als in Nadelwäldern. Sie haben in Grünanlagen und Gärten zugenommen und scheinen in Baumbestände von Siedlungsgebieten vorzudringen. Wenn Bäume in der Nähe sind, kommen sie auch regelmäßig an Futterstellen, allerdings nie in größerer Zahl. Kleiber bleiben meist das ganze Jahr über verpaart und halten auch bei üppigem Nahrungsangebot nichts von Geselligkeit. Im Winterhalbjahr ist die Nahrung von Kleintieren auf Samen umgestellt. Samen von Nadelbäumen, Haselnüsse, Sonnenblumenkerne und an Futterstellen auch Erdnüsse spielen eine wichtige Rolle.

An der Futterstelle setzen sich die robusten Kleiber gegen andere etwa gleichgroße Vögel energisch durch, hängen sich oft kopfunter an das Dach des Futterhauses, um von oben her Körner zu holen. Hängende Futtergaben sind für sie ebenfalls kein Problem. Ihre Besuche sind aber meist nur kurz. Von Sonnenblumenkernen klemmen sich die Kleiber meist 1–2 in den Schnabel und fliegen weg. Wie Sumpfmeisen (s. S. 63) legen sie **Nahrungsvorräte** an, die schon deshalb wichtig werden, weil Kleiber sehr standorttreu sind und ihr Revier kaum verlassen. Vorratslager werden daher das ganze Jahr über angelegt, nicht nur im Winter. Samenkörner legen die Vögel einzeln ab oder klemmen sie in kleinen Spalten fest. Eingetragene Stücke werden dann oft mit Rinde, Moos oder Flechten bedeckt oder auch gelegentlich im Boden vergraben. Größere Nahrungsbrocken stecken Kleiber in Spalten und klopfen sie

Kleiber kommen einzeln ans Futter.

weich oder zerstückeln sie. Auch bei dieser Arbeit hängen Kleiber an einer senkrechten Unterlage in der Zweigrifftechnik der nach oben und unten versetzten Füße. Der kräftige Schnabel wird auch eingesetzt, um auf der Suche nach Insekten und Spinnen kleine Rindenstückchen abzusprengen.

Kleiber sind durch ihre kompakte Gestalt, Färbung und Gefiederzeichnung unverkennbar. Eine einheitlich ❶ graublaue Oberseite ist in der heimischen Vogelwelt einmalig, der ❷ schwarze Strich durch das Auge fällt auf. Männchen und Weibchen lassen sich auf den ersten Blick nicht unterschieden. Beim Männchen sind aber die ❸ Flanken und die Federn am Steiß dunkel rotbraun, beim Weibchen hell rostfarben. Der Vogel im Bild könnte also ein Männchen sein.

Akustische Visitenkarte

Schon im Spätwinter hört man die lauten Trillerstrophen, die erregte Revierinhaber von sich geben. Sie melden sich auch mit lauten Pfiffen, die sich imitieren lassen und von Vogelkundlern früherer Generationen als Lausbubenpfiffe bezeichnet wurden. Kräftige Rufe kündigen Kleiber zu allen Jahreszeiten weithin hörbar an. Leise, aber durchaus charakteristische hohe »zit«-Laute, die Kleiber oft an Fütterungen vernehmen lassen, sind in Bäumen leicht zu überhören und vor allem schwer zu orten.

GESANG   RUFE

Klebearbeit am Nistkasten

Im Namen Kleiber steckt das Wort kleben. Kleiber verengen mit klebrigem Material, das sich später verhärtet, die Öffnungen von Höhlungen der verschiedensten Art passend auf ihre Körpergröße und können auf diese Weise größere Konkurrenten ausschalten. Als Material dienen Lehm und feuchte Erde, oft mit Fasern vermischt. Durch ständiges Ein- und Ausfliegen entsteht im verklebten Eingang die richtige Größe des Fluglochs. Sichere Bruthöhlen sind meist Mangelware und das Kleben bringt dem Kleiber Vorteile. Das Verhalten ist daher in der Evolution Bestandteil des ererbten Verhaltensprogramms geworden und wird auch am ❶ Nistkasten aus Holzbeton praktiziert, obwohl das Einflugloch dort die passende Größe bereits aufweist. Außen angeklebte ❷ feuchte Erde, die mit dem Schnabel festgeklopft wird, scheint in solchen Fällen sinnlos. Kleiber arbeiten aber auch im Inneren einer Bruthöhle und verkleben scharfe Ecken und Kanten. Während der Brut ist somit die Vorderwand des Holzbetonkastens nicht mehr herauszunehmen (s. S. 60), sondern fest einzementieren. Auch eine Möglichkeit, Störungen am Nest vorzubeugen!

Meist tragen Kleiber eine grobe Nestunterlage zur Füllung größerer Hohlräume ein. Darauf wird das eigentliche Nest angelegt, für das die Vögel eifrig dünne Kiefernrinde sammeln. Die Transportwege für diesen Baustoff können für jeden Flug mehrere hundert Meter betragen. Der Vogel im Bild ist der ❸ Unterseite nach zu urteilen, die aber teilweise im Schatten liegt, wohl ein Weibchen. Das würde gut zu den bisherigen Erkenntnissen

Kleiber am Nistkasten mit angeklebtem Lehm

passen, dass Klebearbeit und Nestbau in der Regel ausschließlich oder hauptsächlich Sache der Weibchen sind. Männchen tragen erst nach dem Legebeginn Material ein, beteiligen sich nicht am Brüten, füttern aber dann mindestens gelegentlich ihr brütendes Weibchen.

Vogelberingung und Vogelforschung

Auf der glatten Wand des Nistkastens wird der kräftige Fuß mit den langen ❹ Klammerkrallen deutlich sichtbar. Der Lauf trägt den ❺ Ring einer wissenschaftlichen Beringungszentrale. Mit der Beringung wurden über viele Jahrzehnte die Wanderwege der Vögel er-

forscht. Mittlerweile gibt es große Vogelzugatlanten, in denen Hunderttausende von Wiederfunden beringter Vögel ausgewertet sind. Allein vom Kleiber wurden nach 1945 von den deutschen Beringungszentralen über 200 000 Individuen beringt. Heute wird für die Erforschung der Wanderwege Hightech eingesetzt, die teilweise mit Satelliten arbeitet. Vogelberingung bleibt trotzdem aktuell, denn zu den brennenden Fragen der Gegenwart zählt die nach dem Schicksal von Populationen, denen mit Hilfe beringter Einzelvögel in Monitoringprogrammen und populationsbiologischen Untersuchungen gezielt nachgegangen werden kann.

Gartenbaumläufer

Die Maus am Baumstamm

Der kleine rindenfarbige Vogel huscht tatsächlich wie eine Maus den Stamm einer Linde oder eines Ahorns nach oben. Baumläufer setzen auf gute Tarnung. Es gibt 2 Arten von ihnen, Garten- und Waldbaumläufer, die man im Freien so gut wie nicht voneinander unterscheiden kann. Wie so oft bei sehr ähnlichen Zwillingsarten unterscheiden sich aber Gesang und Rufe. Gartenbaumläufer singen das kürzere Lied und rufen kräftiger. Sie sind vor allem in Laubwäldern, Parks, Friedhöfen, Gärten und Alleen zu hören. Waldbaumläufer leben mehr im Nadelwald; ihre feinen Stimmchen sind leicht zu überhören.

Gartenbaumläufer klettert am Stamm.

Stammkletterer – die andere Lösung

Garten- und Waldbaumläufer setzen auf Tarnung. Ihr rindenfarbiges Gefieder mit kompliziertem ❶ braun-weiß-schwarzen Feinmuster gleicht von oben gesehen einem Stück Rinde. Es löst den Körper optisch in seinen Konturen auf. Das Tarn-Rezept hat sich offenbar so gut bewährt, dass es mit Wald- und Gartenbaumläufer gleich zweimal verwirklicht wurde. Man kann die beiden Arten nur an Winzigkeiten optisch unterscheiden. In den Wäldern des Himalaya leben noch 3 weitere sehr ähnliche Baumläuferarten. Der in Laubwäldern brütende Gartenbaumläufer hat mittlerweile auch Parks, Alleen und Gartenstädte mit alten Baumbeständen besiedelt und lebt somit unerkannt vor vieler Leute Haustür. Fast alles, was beim Stammkletterer Kleiber kräftig und kompakt wirkt und auch auffällig ist, erscheint beim Gartenbaumläufer zart und unauffällig bis auf den kräftigen ❷ Stützschwanz, der dem Kleiber fehlt. Die Klettertechnik des Gartenbaumläufers ist ähnlich wie die der Spechte. Der Körper wird mit Krallen an der Borke festgehalten und kann sich mit einem besonders konstruierten Stützschwanz absichern. Der ❸ feine Schnabel ist lang und gebogen.

Gartenbaumläufer beobachtet die Umgebung.

Ein kleiner Vogel näher betrachtet

Die erste oberflächliche Betrachtung ergibt im Vergleich zum Kleiber ein ganz anderes Bild des Stammkletterers. In der eingehenderen Sicht auf Details kommen viele interessante Aspekte dazu, die Alternativlösungen aufzeigen. Statt des kräftigen Meißelschnabels hat der Gartenbaumläufer einen ➊ feinen gebogenen **Pinzettenschnabel**. Damit kann er durch Sondieren in kleinen Rindenspalten und zwischen Flechten und Moosen an Stamm und Ästen Kleininsekten, vor allem Larven und Puppen, erfassen, aber auch fliegende Insekten nahe am Stamm erwischen. Samen, Nüsse und ähnliche Brocken kommen als Nahrung nicht in Frage. Futterstellen mit einem auf ein hängendes Rindenstück aufgetragenen Fettfuttergemisch oder einem Gemisch aus Kleie und Rindertalg können Baumläufer überzeugen. Hat ein Vogel das Angebot entdeckt, kommt er in der Regel immer wieder.

Einer genaueren Betrachtung ist auch der relativ große ➋ **Stützschwanz** wert. Die Federn sind am Ende wie bei Spechten (s. S. 132 f.) zugespitzt. Die einzelnen Federstrahlen sind im kleinen Winkel schräg zur Spitze hin ausgerichtet und besonders hart, nicht etwa federweich. Sie spreizen sich gegen den Stamm, wenn der lange Schwanz an die rissige Borke angelegt wird und der Druck des Körpergewichts auf ihn wirkt. Der Lauf ist überraschend zart, aber die ➌ Zehen sind lang und mit langen, gekrümmten Krallen besetzt. So können in einem großen Griff die Zugkräfte auf verschiedene Stützpunkte verteilt werden. Die Krallen nutzen jede Unebenheit zur Verankerung aus. Dadurch ist dem Vogel ein ruckweises Klettern mit kleinen Sprüngen nach oben möglich, senkrecht oder in Schraubenlinien um den Stamm. Nach unten können dagegen keine längeren Strecken zurückgelegt werden.

Das Leben in der Falllinie

Der Stamm ist Lebensgrundlage und damit auch grundlegend für die Ernährung. Er wird den ganzen Tag emsig abgesucht. Die lohnendste Variante ist Anflug, kurze Suche, ob es sich hier lohnt, und wenn nicht, dann gleich weiter zum nächsten Stamm. Meist fliegen die Baumläufer von einem Stamm, an dem sie hinaufgeklettert sind, zum nächsten schräg nach unten, um dann dort wieder den Weg nach oben abzusuchen. Die Wegstrecke, die dabei zurückgelegt wird, kann an einem Wintertag 2–3 Kilometer betragen und die Suche an 200–300 Bäumen einschließen. Gartenbaumläufer melden sich mit lauten, einsilbigen Rufen in längeren Reihen. Auch der Gesang ist einprägsam, wenn auch viel zarter gepfiffen als der Triller des Kleibers. Aber wenn man die Strophe einmal im Ohr hat, hört man sie immer wieder, denn Gartenbaumläufer singen vom zeitigen Frühjahr noch bis in den Sommer hinein. Die Nester sind hinter abblätternder Rinde, in Ritzen oder in schmalen Spalten versteckt. Es gibt auch speziell konstruierte Baumläufernistkästen mit schmalem seitlichen Schlitz.

GESANG

RUFE

Amsel

Fliegt jedem über den Weg

Der Wandel vom scheuen Waldvogel zum manchmal etwas aufdringlichen Stadtbewohner ist längst Geschichte. Heute liegt im Frühjahr der Gesang unzähliger Amselmännchen vor Sonnenaufgang wie ein akustischer Teppich über den Häusern von Stadt und Dorf. Auch tagsüber sind Amseln nicht zu überhören, sei es im Gezänk mit Artgenossen oder in berechtigter Aufregung beim Erscheinen einer Katze. Viele junge Amseln fallen Katzen zum Opfer, werden aber auch oft als »hilflos« und »aus dem Nest gefallen« von gutmeinenden Menschen aufgegriffen, um sie zu pflegen.

Amsel, altes Männchen

Die kleinen Unterschiede

Ein Männchen, das das erste Lebensjahr schon hinter sich hat, trägt ein einheitlich ❶ schwarzes Gefieder. Der Schnabel ist ❷ orangegelb und das Auge von einem ❸ schmalen gelben Ring eingesäumt. Nicht immer entspricht das Gefieder genau den »Vorschriften« oder ist makellos. Bei dem Männchen auf dem Foto sind offensichtlich die Schwanz- oder Steuerfedern etwas durcheinandergeraten. Es könnte auch sein, dass der Schwanz die Herbstmauser noch nicht ganz überstanden hat.

Jedenfalls ist mindestens eine ❹ Steuerfeder deutlich kürzer mit einem lückenlosen Spitzensaum. Die längeren Steuerfedern scheinen dagegen etwas abgestoßen zu sein. Die wahrscheinlichste Erklärung: Die kürzere Steuerfeder wächst gerade nach, entweder weil sie die letzte nachwachsende Schwanzfeder bei einer normalen Herbstmauser ist oder weil sie bei einem kleinen Unfall ausgefallen ist und ersetzt wird. Letztere Version würde erklären, warum die übrigen Schwanzfedern schon etwas abgetragen scheinen.

Der Bildhintergrund sieht eher nach Frühling als nach Herbst aus. Die Aufnahme stammt tatsächlich vom Mai. Im Frühjahr werden Flug- und Steuerfedern nicht gemausert. Der Vogel trägt den ❺ Ring einer wissenschaftlichen Beringungszentrale.

GESANG   RUFE

Kleider wechseln

Amseln sind dankbare Beobachtungsobjekte, wenn man kleine Unterschiede entdecken und aus ihnen Informationen gewinnen möchte. Junge Amselmännchen, die im Herbst ihres Geburtsjahres ihr erstes Alterskleid anlegen, mausern nicht alle Federn, am Flügel z. B. die Handschwingen nicht. Daher sind die äußeren Flugfedern nicht schwarz, sondern ❶ braun. Sie stammen noch vom braunen Jugendkleid und werden ins nächste Kalenderjahr mitgenommen. Erst im Herbst des zweiten Kalenderjahres werden alle Federn erneuert. Man spricht dann von einer Totalmauser im Unterschied zu einer Teilmauser, in der, wie bei jungen Amseln im ersten Jahr, nur ein Teil der Federn gemausert wird. Der ❷ Schnabel ist ganz oder überwiegend dunkel, der gelbe ❸ Augenring sehr schmal oder nicht zu erkennen. Solche Männchen kann man also als diesjährig oder im Frühjahr noch als einjährig identifizieren. Die Aufnahme stammt vom Dezember, das ❹ Körpergefieder aus vielen kleinen Federn wirkt frisch und kaum stra-

Amsel, Männchen im 1. Lebensjahr

paziert. Es ist bei der herbstlichen Mauser ins erste Alterskleid vollständig ersetzt worden. Das Kleid der Weibchen ist ❺ braun. An Brust und Kehle sitzen zwischen dunkelbraunen meist ❻ hellere Federn. Diese Aufhellung ist bei den Weibchen individuell verschieden. Die ❼ Schnäbel der Weibchen sind meistens braun (s. S. 82). Auch in dieser Winteraufnahme wirkt das Körpergefieder frisch und glatt. Die Mauser im Herbst

sorgt dafür, dass das frische Gefieder im Winter einen optimalen Wärmeschutz bietet. Würde die Mauser erst im Winter stattfinden, wäre das gefährlich. Die Mauser im Herbst bedeutet aber einen vollen Terminkalender. Nach der anstrengenden Brutzeit oder dem Aufwachsen muss Energie getankt werden, um den Federwechsel vor Einbruch des Winters zu erledigen.

Zusatznahrung im Winter

Nicht zufällig sitzen in den Winteraufnahmen beide Amseln auf einem Apfelbaum, an dem noch einige ❽ Früchte hängengeblieben sind. Das junge Amselmännchen hat den Winterapfel schon fast verspeist. Amseln sind zwar das ganze Jahr über auf tierische Nahrung angewiesen. Wenn sie aber knapp wird, stellen Amseln ihre Nahrung wie manche andere Kleintierverzehrer auf fleischige Früchte um und kommen auch ans Futterhaus. Hängengebliebenes minderwertiges Obst ist für viele Wintervögel eine Überbrückung nahrungsarmer Wochen (s. S. 53).

Amsel, Weibchen

Amsel, Männchen an reifen Pfaffenhütchen

geerntet. Netze gelten als sicherste, aber auch teuerste Methode, Verluste in Grenzen zu halten, auch gegenüber Starenschwärmen. Im Privatgarten wird man mit ein paar Quadratmetern um Johannisbeeren auskommen, im gewerblichen Anbau hat man mit Einnetzen von Kirschen und Weinbergen gute Erfahrungen gemacht, da Netze auch einen Wetterschutz (Hagel) bieten. Natürliche oder zumindest unproblematische Früchtequellen für Amseln im Garten sind Holunder, Eberesche (Vogelbeere) oder Zwergmispeln (Cotoneaster).

Wandern oder Bleiben?

Stadt- und Dorfamseln sind größtenteils Standvögel, Waldamseln neigen eher zu Wanderungen, entweder in die Stadt oder als Zugvögel in wärmere Gebiete. Das Wohin und Woher von Amseln ist vielschichtig. Herkunfts- und Zielgebiete in Deutschland angetroffener Amseln liegen zwischen den Färöern, Nordfinnland, Westirland, Nordafrika und Griechenland. Wenn heimische Amseln wegziehen, wählen sie südwestliche und westliche Richtung und erreichen ein Winterquartier, das von den Britischen Inseln bis nach Spanien reicht. Weibchen zeigen größere Zugneigung als Männchen, und nach einer Studie sollen auch einjährige häufiger nach West- und Südwesteuropa ziehen als ältere. Die Anteile von Zug- und Standvögeln in einzelnen Amselpopulationen ändern sich wohl mit dem Klimawandel. Der Durchzug aus nördlichen und östlichen Gebieten findet im Herbst, vor allem im Oktober statt, der Rückzug im März. Die meisten unserer Gartenamseln scheinen aber den Winter über an ihrem Brutplatz zu bleiben.

Beerenernte

Amseln sind die vielseitigsten Früchtefresser in ihrer Verwandtschaft, den Drosseln. Fleischige Früchte bedeuten wegen ihres Zuckergehalts ab Herbst eine wichtige Nahrung. Pflanzen mit roten Früchten haben es sogar darauf abgesehen, dass Amseln, Drosseln und andere sich dafür interessieren, denn Vögel spielen bei der Verbreitung der Samen eine wichtige Rolle. Amseln scheuen auch vor giftigen Früchten nicht zurück, fressen etwa Seidelbast oder Tollkirsche. Man hat festgestellt, dass sie manche Gifte, z. B. das Atropin der Tollkirsche, wesentlich besser vertragen als Menschen. Aber oft ist es so wie bei der giftigen Eibe, deren roter Samenmantel bei Amseln

sehr beliebt ist. Er ist der einzige ungiftige Bestandteil der Eibe. Ähnlich ist es beim ❶ Pfaffenhütchen oder Spindelstrauch, dessen Samen giftig ist. Amseln, Rotkehlchen und andere herbstliche Früchtefresser schlucken nur den Samenmantel oder die Kapseln der Frucht hinunter, der giftige Samen fällt heraus und kann unter günstigen Bedingungen später auskeimen. Dass sich Amseln für reifende Früchte interessieren, führt zu leidvollen Erfahrungen im Garten und vor allem im gewerblichen Obst- und Weinbau. Erdbeeren, rote Johannisbeeren, Weintrauben oder Kirschen werden von hartnäckigen Amseln, die sich auch durch allerlei Knalleffekte oder blitzende Folien auf Dauer nicht vertreiben lassen,

Amsel, Männchen mit weißen Federn

Abweichende Gefiederfärbung

Gar nicht so selten werden weiße Amseln, solche mit weißen Gefiederteilen oder wenigstens mit einzelnen weißen Federn, beobachtet und fotografiert. Das hat schon zu Spekulationen über Gefahren des Stadtlebens oder irgendwelcher Strahlungen geführt. Aber auch wenn solche Fälle an einem Ort vorübergehend häufiger vorkommen, ist es zunächst nicht alarmierend. Da die Farbabweichungen in den meisten Fällen genetisch bedingt sind, könnten Verwandtschaftsverhältnisse innerhalb des lokalen Bestands für die Konzentration von Farbdefekten verantwortlich sein. Im Übrigen kommen Weißlinge nicht nur bei Amseln

vor, sondern sind schon bei sehr vielen Vogelarten beobachtet worden. Die häufige Beobachtung von Weißlingen bei Stadtamseln ist sicherlich nur eine Folge davon, dass sie Menschen besonders oft über den Weg laufen und fliegen. Die Erklärung, dass draußen in freier Natur Vögel mit weißen Federn häufiger als normal gefärbte Vögel Beutefeinden zum Opfer fallen und dadurch ausgemerzt würden, in der Stadt aber diese Auslese fehle, ist wohl mehr ein Gerücht. Statistisch signifikante Belege fehlen jedenfalls.

Eine Erklärung und Interpretation von Farbabweichungen ist allerdings kompliziert. Gänzlich weißen Vögeln fehlen die Farbstoffe für

Farben von hellbraun bis schwarz. Bei solchen Albinos sind auch Füße und Schnabel rosa, der Augenhintergrund ist rot. Albinos kommen in der Natur selten vor, auch bei Amseln. Rote und gelbe Farbstoffe sind von diesem Gendefekt nicht betroffen, so dass z.B. ein albinotischer Stieglitz das rote Gesicht und das gelbe Flügelfeld trägt, sonst aber ganz weiß ist. Das Amselmännchen auf dem Foto trägt einzelne kleine ❶ weiße Federn am Kopf. Das spricht dafür, dass es sich bei ihm um ein frühes Stadium des »fortschreitenden Ausbleichens« handelt, der häufigsten Form von Farbabweichungen. Einzelne Federn sind ganz weiß, ihre Zahl nimmt im Lauf des Lebens, also mit jeder Mauser zu als Folge eines fortschreitenden Verlustes von Pigmentzellen. Die Verteilung der weißen Federn ist in der Regel nicht symmetrisch. Da aber bei diesem Vogel auch ❷ Schwanz und ❸ Flügelfedern betroffen sind, kann es sein, dass bereits ein fortgeschrittenes Stadium des erblichen Ausbleichens erreicht ist. Dieses Ausbleichen ist nicht reversibel, weil es nicht von der Umwelt, z.B. durch schlechte Ernährung, ausgelöst wird. Umwelteinflüsse sind aber nicht ganz auszuschließen. Wichtig wäre, das Amselmännchen auch von der anderen Seite zu sehen, um zu prüfen, ob die Verteilung der weißen Federn symmetrisch ist. Wenn dies der Fall ist, könnte eine andere und wesentlich seltenere genetische Form der Pigmentstörung vorliegen, nämlich Leukismus. Bei diesem Defekt werden Pigmente gebildet, aber nicht in jede Feder transportiert. Ausmaß und Muster der Weißfärbung ändern sich während des Lebens nicht.

Baden ist Gefiederpflege

Beide Amseln auf dieser Seite sehen nicht gesund aus, weil ihr Gefieder in großer Unordnung ist. Die Bilder zeigen aber lediglich 2 Momentaufnahmen der Gefiederpflege. Sie ist lebenswichtig und nimmt daher täglich Stunden des Vogellebens in Anspruch. Dabei geht es nicht nur um Ordnung der Klettverschlüsse innerhalb der Federfahnen und der Ausrichtung des Köpergefieders, dessen viele Federchen wie Dachschindeln übereinanderliegen müssen. Der tägliche Kampf gilt auch Parasiten der Federn und des Körpers. Federlinge, Milben, aber auch Bakterien und Pilze greifen Federn an, Flöhe, Lausfliegen und Zecken sind Blutsauger.

Amseln baden am liebsten in etwa bauchtiefem Wasser und möglichst in der Nähe einer Deckung. Durch Schüttelbewegungen des Körpers und Flügelflattern ❶ spritzt das Wasser heftig und erreicht alle Gefiederteile. Nach dem Bad fliegt der Vogel meist in einen Busch, um sich dort lange zu schütteln, das Gefieder zu putzen und, wenn die Federn trocken sind, sich einzufetten. Je nach Jahreszeit und Witterung werden unterschiedlich viele Bäder zu verschiedenen Tageszeiten genommen. Im Hochsommer baden die ersten Amseln schon vor 6 Uhr und die letzten in der Abenddämmerung. Im Winter wird gelegentlich im Schnee gebadet. Auch Regen lädt zum Bad ein, die Vögel brauchen sich dann nur mit hängenden Flügel an eine exponierte Stelle zu setzen. Ausgiebige ❷ Sonnenbäder werden von Frühjahr bis Herbst genommen, am häufigsten im Sommer. Nach einer kühlen Nacht wärmt die Sonne, wenn sie bei

Amsel, Weibchen badet

gesträubtem Gefieder bis auf die Haut durchdringen kann. Die Amseln liegen dabei auf dem Boden, spreizen einen ❸ Flügel ab und fächern die ❹ Schwanzfedern. Wenn es richtig heiß wird, hecheln sie mit ❺ offenem Schnabel. Der Vogel sieht dann so aus, als ob er schwer krank wäre.

Die Neigung vieler Vögel, ein ausgiebiges Sonnenbad zu nehmen, hat zur Vermutung geführt, dass die intensive UV-Strahlung, die in der typischen Haltung beim Sonnenbad zwischen die Federn eindringt und die Haut erreichen kann, auch dazu dient, Außenparasiten zu schädigen.

Amsel, Männchen beim Sonnenbad

Amsel, Weibchen brütet

Szenen am Amselnest

Amselnester, deren Platz vom Weibchen ausgewählt wird, können an den verschiedensten Stellen im Garten und ums Haus angelegt sein, meist nicht sehr hoch über dem Boden. Zu den Grundvoraussetzungen für einen geeigneten Nistplatz gehören eine stabile Unterlage und möglichst etwas Schutz nach oben. In dichten Hecken, in Bäumen und Büschen, in Holzhaufen, Spalierpflanzen oder auch auf Dachbalken finden Amseln solche Nistgelegenheiten in menschlichen Siedlungen am häufigsten. Die ❶ Wand des Nestes besteht aus dünnen Zweigen, Moos und Halmen. Die Mulde ist mit nasser Erde oder Lehm ausgelegt und dann mit Pflanzenmaterial ausgekleidet. Amseln unternehmen in der Regel zwei Jahresbruten, manchmal auch drei. Für jede Brut wird ein neues Nest angelegt, manchmal auch das alte wieder benutzt. Das Weibchen brütet die Eier allein aus. Das Nest ist in dieser Phase als Neubau noch bis zum ❶ Rand intakt. Manche, of-

fenbar ältere Amselweibchen haben einen ❷ braungelben Schnabel (s. S. 78), der an der Basis in der Regel dunkel ist. Auch ein ❸ hellgelber schmaler Augenring ist mitunter bei älteren Weibchen zu erkennen. Da Sonne auf das Nest scheint, ❹ hechelt das brütende Weibchen bei leicht geöffnetem Schnabel.

An der Fütterung der Jungen beteiligt sich auch das Männchen.

Auf dem Bild könnte es sich nach ❺ Schnabelfärbung und dem Augenring zu urteilen, um seine erste Brut im zweiten Kalenderjahr seines Lebens handeln. Aber die Oberseite der äußeren Schwungfedern, die in diesem Fall braun sein müssten (s. S. 78), ist nicht zu sehen, die Altersschätzung daher nur eine Vermutung.

Junge werden vor allem mit Regenwürmern gefüttert, aber mitunter auch schon im Frühsommer mit ❻ Beeren. Die Nestlinge sind schon fast ❼ voll befiedert und werden das Nest nach etwa 14 Tagen Nestlingsdauer bald verlassen. Fünf fast flügge Junge bedeuten einen ausgezeichneten Bruterfolg, denn mehr als fünf Eier im Nest sind bei Amseln die Ausnahme. Das ❽ Nest ist schon merklich ramponiert, der Rand deutlich niedergetreten, so dass für die nächste Brut ein Neubau fällig sein wird. Die hellen ❾ Sperrrachen leuchten dem fütternden Männchen im Halbdunkel als Signale entgegen.

Amsel: Männchen füttert Junge kurz vor dem Ausfliegen.

Jungamsel

Von keinem anderen heimischen Vogel werden so viele Jungvögel entdeckt, die eben das Nest verlassen haben und von der Fütterung durch die Altvögel abhängig sind, weil sie noch nicht richtig fliegen können. Jährlich gehen in Tierheimen und Vogelschutzwarten Hunderte von Meldungen besorgter Bürger über vermeintlich hilflose Vögel oder Unfälle ein. Selbst die Polizei hat damit mehr zu tun, als ihr lieb sein kann.

Die kritische Phase bis zur Selbständigkeit dauert in der Regel über zwei Wochen, je nachdem, wie intensiv die Eltern die Jungen noch füttern. Es dauert nämlich einige Zeit, bis die Jungvögel gelernt haben, genießbares Futter von ungenießbarem zu unterscheiden und sich wie die Altvögel zu ernähren. Wenn keine zweite Brut mehr folgt, füttern die Eltern länger. Manchmal ist auch nur das Männchen allein bei den noch unselbständigen flüggen Jungen, wenn das Weibchen schon mit der Folgebrut beschäftigt ist. Besonders lang werden die Jungen der letzten Brut

Amsel, Jungvogel frisch aus dem Nest

im Jahr von den Eltern gefüttert. Damit werden Nachteile ausgeglichen. Junge von Spätbruten verlassen nämlich oft mit geringerem Gewicht das Nest und müssen außerdem noch in einer Jahreszeit mit schlechterem Nahrungsangebot durchkommen.

Wenn sie das Nest verlassen haben, sind die Jungen noch **1** kaum flugfähig und suchen gleich eine Deckung auf, sitzen

meist auf dem Boden und verhalten sich still und unauffällig. Kurzer **2** Schwanz, flauschiges **3** Körpergefieder und heller **4** Schnabelwinkel sind eindeutige Kennzeichen, dass bei einem hilflosen Vogel alles normal ist. Nach einigen Tagen werden die Jungen zunehmend beweglicher. Jetzt ist es für sie vorteilhaft, in der Deckung ihren jeweiligen Standort den fütternden Eltern, aber auch den Geschwistern anzugeben. Das geschieht mit Bettelgeschrei. Besonders hungrige Junge folgen den Eltern, und so kommen Familien ins Wandern. Das ist die Zeit, in der man allein mit dem Ohr feststellen kann, wo Amselbruten erfolgreich waren. Selbständige junge Amseln tragen ein braunes Jugendkleid, **2** Schwanz- und Flügelfedern sind voll ausgewachsen, vom gelben **4** Schnabelwinkel ist fast nichts mehr zu sehen. Ein gutes Merkmal sind die hellen **5** Schaftstriche der kleinen Federn auf dem Rücken. Auch die **6** Unterseite ist oft stärker gefleckt.

Amsel, selbständiger Jungvogel

Viele Amseln kommen im Straßenverkehr um.

Gefahren in Menschennähe

Stadtamseln sind von einer deutlich geringeren Sterblichkeit betroffen als ihre Artgenossen in anderen Lebensräumen. Darin liegt eine Ursache des Erfolgs der Art, die sich überall in menschlichen Siedlungen auf Dauer etabliert und über mindestens ein Jahrhundert vermehrt hat. Auch in letzter Zeit sind ihre Brutbestände stabil geblieben, im Unterschied zu manch anderen typischen Stadtvögeln (s. S. 128). Die geringere Sterblichkeit könnte auf günstigeres Klima und besseres Nahrungsangebot in Dorf und Stadt im Vergleich zu Wald und Wiese zurückzuführen sein. Leichtere Bedingungen für eine Überwinterung am Ort haben ganz offensichtlich Amseln teilweise zu Standvögeln gemacht, die keine anstrengende risikoreiche Wanderung in ferne Winterquartie-

re auf sich nehmen müssen. Man macht aber auch die niedrigere Dichte von Räubern für die bessere Lebenserwartung verantwortlich. Greifvögel spielen in der Stadt wohl keine große Rolle. Aber auf das Konto von Hauskatzen gehen viele Amseln, vor allem flügge Jungvögel.

Eine dauernde, weil schwer zu berechnende Gefahr für Amseln ist der Verkehr. Zur Brutzeit erwischt es mehr ❶ Männchen als Weibchen, die viel Zeit am Nest verbringen. Männchen sind häufiger unterwegs und bei Verfolgungsjagden sicherlich auch stärker gefährdet. Nach Röntgenuntersuchungen schleppen deutlich mehr Großstadtamseln verheilte Knochenbrüche mit sich herum als Artgenossen aus ländlichen Gebieten. Das deutet einerseits auf höheres Kollisionsrisiko hin, spiegelt aber andererseits wohl auch bessere Heilungschancen in der Stadt wider. Geringere Bedrohung durch tierische Beutefeinde und besseres Nahrungsangebot könnten das bewirken. Das Höchstalter einer beringten Amsel in Deutschland beträgt 21 Jahre und 9 Monate. Ein ganz anderes Problem für die Erhaltung eines Bestandes ist der Nachwuchs. Viele Amselbruten gehen durch unnötige und auch ordnungswidrige Eingriffe des Menschen verloren. Auf dem Bild ist zu sehen, wie ein radikaler ❷ Heckenschnitt in der Schutzzeit ein Amselnest freigelegt hat. Die frisch geschlüpften ❸ blinden Jungen sperren bei jeder kleinen Erschütterung ins Leere und sind Sonne und Regen schutzlos ausgesetzt, wenn die Eltern auf Futtersuche sind oder vom Nest verscheucht werden. Einige Junge sind ❹ noch gar nicht geschlüpft.

Amselnest durch Heckenschnitt freigelegt

Singdrossel

Sängerkunst von hoher Warte

Die Spitzen hoher Fichten und die höchsten Bäume in Wäldern, Gehölzen und Parks nutzen Singdrosseln zum Vortrag ihres abwechslungsreichen Gesangs, in der Gartenstadt mitunter auch den First eines Hauses oder die Antenne auf dem Dach. Vom Flötenlied der Amsel lässt sich der Gesang der etwas kleineren Singdrossel nach kurzem Zuhören gut unterscheiden. Singdrosseln wechseln ihre Motive meist abrupt; alles was ihnen einfällt, wird aber vorher ein- bis dreimal wiederholt. Manche Sänger verfügen über ein großes Repertoire, aber auch bei kurzem Vortrag fallen die Wiederholungen auf.

Die kleinere Verwandte

In manchen menschlichen Siedlungen teilen sich Amsel und Singdrossel den Lebensraum. Der Waldvogel Singdrossel ist aber weniger als die Amsel zum Gartenvogel geworden und fehlt in manchen Städten und Dörfern, vor allem in Innenstädten oder Wohnblocksiedlungen, in denen lediglich kleine Grünflächen zwischen den Gebäuden übrig geblieben sind. In einigen Fällen ist es auch nur zu vorübergehenden Ansiedlungen in Städten gekommen.

Singdrosseln bevorzugen geschlossene Nadelwälder, aber auch Misch- und Laubwälder gebirgiger Gegenden, und besiedeln Wälder unterschiedlichen Typs im Tiefland. Hier sind sie auch in kleinere Baumbestände und Gehölze eingewandert. In Parks mit vielen Bäumen und in Gärten mit Bäumen und Grünflächen durchbricht früh am Morgen oder spät am Abend der weittragende Gesang die Stille. Die tägliche Sangeszeit am frühen Morgen und späten Abend ist aber meist nur kurz. Wenn die Männchen verpaart sind, nimmt ihre Gesangsaktivität stark ab, so dass sie auch übers Jahr oft nicht lange zu hören sind.

Das mag mit dazu beitragen, dass Singdrosseln trotz ihres namensgebenden Gesangs viel unbekannter

Singdrossel

sind als Amseln. Sie fallen weniger auf als Amseln, sind auch oft deutlich scheuer und ziehen sich rasch in Deckung zurück. Ihre ❶ Oberseite ist hellbraun, die gelbliche oder weiße ❷ Unterseite dicht mit schwarzen Flecken übersät. Auf dem Boden halten sich Singdrosseln meist ❸ aufrechter als Amseln. Sie suchen dort vor allem nach Regenwürmern, im Sommer aber auch nach Nackt- und Gehäuseschnecken. Mit dem Schnabel greifen sie in die Mündung und schlagen dann mit seitlichen Bewegungen das Schneckenhaus an einen Stein oder eine harte Unterlage. Solche »Drosselschmieden«

nutzen sie oft immer wieder. Heimische Singdrosseln sind Kurzstreckenzieher und überwintern in Südfrankreich und auf der Iberischen Halbinsel. Ab Ende Februar kann man sie wieder in Mitteleuropa sehen, bis Anfang November sind die letzten weggezogen. Einige halten es auch den Winter über bei uns aus.

Wacholderdrossel

Wechselhaftes Schicksal des Einwanderers

Von der Taiga kommend besiedelten Wacholderdrosseln im 19. und 20. Jahrhundert nach Westen vordringend ganz Mitteleuropa. Seit etwa 25 Jahren aber geht es mit der Zahl der Brutpaare bergab, manche Gebiete verwaisen. Die Nester stehen meist zusammen in größeren Kolonien an Waldrändern, in lichten Baumbeständen oder Gehölzen, wenn Grünland ein hohes Angebot an Regenwürmern in erreichbarer Nähe verspricht. Solche Voraussetzungen sind weitgehend verschwunden. Wacholderdrosseln brüten jetzt häufiger verteilt in Einzelpaaren und versuchen auch, in Parks und Gärten mit Grünflächen sesshaft zu werden.

Wacholderdrossel

ganze Jahr über begegnen. Ihre Wandergewohnheiten sind etwas kompliziert. Mitteleuropäische Brutvögel überwintern am Brutort, ziehen aber auch nach Südwesten oder Südosten ab. Wintergäste aus dem Norden und Nordosten kommen vor allem nach Norddeutschland. Im Winter kann man überall Trupps oder größere Scharen in offenem Land entdecken, kaum aber in geschlossenen Wäldern. ❻ Obstbäume, deren Früchte nicht vollständig abgeerntet wurden, sind in der kalten Jahreszeit beliebt (s. S. 53, 78). Noch im 19. Jahrhundert wurden viele Wacholderdrosseln, die in großen Scharen als Wintergäste in Mitteleuropa erschienen, gefangen und als »Krammetsvögel« verspeist.

Drei Farben und kein Gesang

Wenn Wacholderdrosseln im Winter oder außerhalb der Brutzeit im Frühjahr, Spätsommer oder Herbst einen Besuch im Garten oder Park abstatten, wirken sie fast wie Exoten. Für eine Drossel sind sie sehr groß und auch relativ bunt. Drei Farben markieren die Oberseite: ❶ grauer Kopf mit Nacken und ❷ grauer Bürzel, ❸ rotbrauner Rücken und ❹ schwarzer Schwanz. Die ❺ Unterseite ist weiß, an den Seiten und an der Brust gelblich mit kräftiger dunkler Fleckung. Auch akustisch fallen die großen Drosseln auf. Mit rauen schackernden Rufen fliegen sie ab. Von ihrem Gesang hört man meist nichts. In den Brutkolonien produzieren sie eine Folge schwätzender Töne, die oft im Singflug etwas schlampig und hastig vorgetragen werden. Wer in Kolonien brütet und keine großen Reviere verteidigt, kann auf einen weit schallenden, markanten Gesang verzichten. Wacholderdrosseln kann man das

Rotkehlchen

Konsequenter Einzelgänger

Von erwachsenen Rotkehlchen sieht man so gut wie nie mehrere zusammen in einem Trupp. Rotkehlchen sind ausgesprochene Einzelgänger und verteidigen auch außerhalb der Brutzeit Reviere, sogar die Weibchen eigene für sich. Das mag mit der Konkurrenz um Nahrungsquellen zusammenhängen, die für einen Kleintier- und Beerenverzehrer in mageren Zeiten nur spärlich fließen, Revierverhalten fördert. So verteilen sich die Vögel gleichmäßiger über eine Fläche und jeder kann einen Platz für sich beanspruchen. Rortkehlchen singen daher auch im Herbst, Männchen wie Weibchen.

Beliebter Vogelname

Dem Namen nach ist das Rotkehlchen wohl einer der bekanntesten heimischen Vögel. Es steht auf der Skala der beliebtesten Vögel ganz oben, war daher schon einmal Vogel des Jahres in Deutschland und ist bei den Engländern als »Robin« geradezu Kult.

Das Bild eines Rotkehlchens wird bestimmt von der ❶ rostroten Färbung der Kehle, die sich allerdings auch auf Gesicht und Brust erstreckt, einem großen ❷ dunklen Auge, einem großen Kopf auf rundlicher Figur, die durch die ❸ langen dünnen Beine auch wieder zierlich wirkt. Der hier fotografierte Vogel nimmt mit etwas ❹ hängenden Flügeln und ❺ gehobenem Schwanz die typische Haltung bei leichter Erregung ein. Rotkehlchen brauchen Büsche und Laubstreu. Sie sind in vielen Gärten nur Gäste, die sich allerdings oft ohne Scheu bei Gartenarbeiten nähern und z.B. beim Umstechen eines Beetes zusehen.

Ein großer Teil heimischer Brutvögel zieht im Herbst nach West- und Südeuropa, in wintermilden Gebieten leben Standvögel.

Rotkehlchen leicht erregt

Blick ins Nest

Die Nester aus ❻ Moos, trockenen Halmen und Stängeln sind am Boden oder nahe dem Boden an unterschiedlichen Standorten versteckt, das Beispiel auf dem Bild ist im ❼ Efeu an einer Hauswand. Das Weibchen brütet allein etwa 2 Wochen lang ein Gelege von 4–6 Eiern aus und wird während dieser Zeit vom Männchen meist abseits des Nestes gefüttert.

Rotkehlchen, brütendes Weibchen im Nest

Rote Kehle braucht ihre Zeit

Es gibt etwa ab Mitte Juni auch Rotkehlchen ohne rote Kehle, die erst ab Ende Juli bis in den Oktober hinein allmählich richtige Rotkehlchen werden.

Kurz nach dem Verlassen des Nestes sieht man bei den Jungen noch ❶ Dunenreste am Kopf und den für junge Singvögel typischen ❷ gelben Schnabelwinkel. An manchen Stellen haben sich die Federn des Jugendkleides ❸ noch nicht voll entfaltet. Die ❹ Schwanzfedern sind noch nicht zu voller Länge gewachsen. In diesem Stadium werden die Jungen von den Eltern oder, wenn das Weibchen noch eine Zweitbrut beginnt, nur vom Männchen betreut. Das kann 2–3 Wochen dauern.

Auch im fertigen ❺ Jugendkleid fehlt jedes Rot; die Brust ist hellbraun gefleckt. Der Jungvogel, hier aufgenommen Mitte August, ist jetzt voll flugfähig und längst selbständig. Auch der helle ❷ Schnabelwinkel ist verschwunden. Als Rotkehlchen ist der Vogel dennoch gut zu erkennen, wenn man auf das große dunkle ❻ Auge achtet und die typischen Bewegungen verfolgt. Rotkehlchen knicksen bei

Junges Rotkehlchen, das Nest eben verlassen

Erregung und hüpfen auf langen Beinen mit gestelztem Schwanz auf dem Boden. Das machen die Jungen wie die Alten.

Etwas später beginnt dann die Mauser ins erste Alterskleid. Der Jungvogel ist jetzt 6–7 Wochen alt.

In einer Teilmauser werden vor allem die kleinen, den Körper bedeckenden Federn gemausert. Hier beginnt die ❼ rote »Kehle« von der Brust her zu wachsen. Nach einigen Wochen sieht der Vogel dann wie ein »richtiges« Rotkehlchen aus. Spätestens Ende Oktober sieht man keine Vögel im Jugendkleid mehr.

Die rote Kehle hat natürlich eine Bedeutung. Wenn ein Revierbesitzer einem Eindringling begegnet, präsentiert er ihm möglichst viel Rot von Brust und Kehle. Imponieren und Drohen mit eindeutigen Signalen erspart vielfach kämpferische Auseinandersetzungen. Jungvögel betteln in den ersten Wochen Altvögel um Futter an, sie drohen ihnen nicht. Also ist eine rote Kehle noch überflüssig oder wäre sogar eher hinderlich.

Rotkehlchen im Jugendkleid

Junges Rotkehlchen mausert ins Alterskleid.

Nachtigall

Sängerkönigin liebt das Versteck

Nachtigallen sind weithin zu hören, man sieht sie aber nicht so leicht. Die Sänger sitzen meist nicht frei und exponiert, sondern ziehen es vor, im Gebüsch zu bleiben. Nicht überall, wo eine Nachtigall singt, ist sie auch zu Hause, denn manchmal singen auch Durchzügler oder Überwinterer in Afrika südlich der Sahara. Männchen, die nachts singen, sind auf der Suche nach einem Weibchen. Hatten sie Erfolg, verstummt ihr Gesang. Bei Helligkeit wird gesungen, um das Revier zu markieren und zu verteidigen. Dichtes Buschwerk, bevorzugt auch an feuchten Stellen, ist für Nachtigallen optimal.

Nachtigall, Reviergesang

nen dämmerungsaktiven Vogel verrät, ist dünn weiß umrandet. Der viel besungene Gesang besteht aus einer Vielzahl von meist laut vorgetragenen Strophentypen. Da unterscheidet man Schluchzen, Schlagen, Pfeifserien oder auch Schnatterphasen und geräuschhafte Abschnitte. Nachtigallen sind meist nur von April bis September bei uns. Ihre Winterquartiere liegen im südlichen Afrika.

Nachtigallen sind meist nicht frei zu sehen.

Schlichtheit und schöner Gesang

»Öfters zu hören als zu sehen, doch ist ihre Erscheinung überraschend schlicht« ist ein Zitat aus dem Vogelbestimmungsbuch von Svensson und Mitautoren (s. S. 173). Doch ist nicht jeder schön singende Vogel eine Nachtigall und Nachtigallen sind auch nicht überall zu hören. Sie lieben das Tiefland und warme Länder Europas, fehlen im Mittelgebirge und weitgehend in den Alpen. Ein Schwerpunkt ihrer Verbreitung liegt im Osten der Norddeutschen Tiefebene. Wer Nachtigallengesang ausgiebig genießen will, fahre in die Nachtigallenstadt Berlin.

Nachtigallen sitzen gern in dichten Büschen, sind deutlich größer als Rotkehlchen und schlanker und kleiner als Singdrosseln. Ihre ❶ Oberseite ist hellbraun, Schwanz und Bürzel heben sich rostbraun davon ab. Die ❷ Unterseite ist weißlich grau. Solche Feinheiten der Farbabstufung sind für Experten wichtig, denn Nachtigallen haben einen Doppelgänger weiter östlich, den Sprosser, der sich nur in Nuancen optisch von ihr unterscheidet. Das große dunkle ❸ Auge, das wie beim Rotkehlchen ei-

Hausrotschwanz

Vom Felsen auf das Hausdach

In der zerklüfteten Gebäudelandschaft einer Stadt sind kleine Lebensrauminseln für viele Vögel deshalb nicht nutzbar, weil in ihrem ererbten Verhalten ein Wechsel zwischen völlig unterschiedlichen Lebensräumen nicht vorgesehen ist. Brutvögel einer wilden Felslandschaft mussten dagegen immer schon mit kleinen Inseln im Felsgewirr und zwischen steilen Klippen zurechtkommen. Das mag ein Grund sein, warum der Hausrotschwanz sein Brutgebiet durch den Städtebau erweitern konnte und nach wie vor in Großstädten oder Industriegebieten leben kann. Allerdings nehmen neuerdings lokale Bestände ab.

Hausrotschwanz, altes Männchen

Die kleinen Unterschiede

Wenn ein kleiner, schlanker Vogel in aufrechter Körperhaltung auf einem Dachfirst, einer Dachantenne oder einem Zaunpfosten sitzt, liegt der Verdacht auf Hausrotschwanz nahe. Ständiges Vibrieren des Schwanzes und gelegentliches Knicksen in den Laufgelenken erhärten den Verdacht, denn ein nach unten weisender Schwanz, der dauernd in Bewegung ist, kann nur einen Haus- oder Gartenrotschwanz signalisieren. Die sichere Identifizierung der Art ist aber meist erst dann möglich, wenn sich Gefiederfarben erkennen lassen.

Natürlich hilft der Gesang in der Artbestimmung sofort weiter. Die männlichen Hausrotschwänze fangen etwas stotternd und fistelig an, fahren nach einer kleinen Pause mit kratzenden Lauten fort und brechen dann einfach ab. Der Gesang ist nicht laut, aber über Hausdächer erstaunlich weit zu hören. Alte Hausrotschwanzmännchen sind ❶ größtenteils grauschwarz mit ❷ schwarzer Kehle und schwarzem Gesicht. Im Flügel hebt sich ein ❸ großes weißes Feld ab. Der Schwanz ist wie bei allen Rotschwänzen beiderlei Geschlechts ❹ rostrot. Manche Sänger sind zwar schwarzgrau, lassen aber das weiße Flügelfeld vermissen. Bei ihnen handelt es sich um Männchen im zweiten Kalenderjahr, die also das erste Jahreskleid tragen. Schließlich entdeckt man auch Sänger, die sich durch nichts von einem Weibchen unterscheiden. Das sind keine singenden Weibchen, sondern ebenfalls Männchen im zweiten Kalenderjahr. Sie haben als erstes Alterskleid ein sogenanntes Hemmungskleid angelegt, das wie ein Weibchenkleid aussieht. Die einjährigen Männchen mit einem Männchenkleid ohne weißen Flügelspiegel tragen ein Fortschrittskleid, das dem Kleid des alten Männchens ähnlich sieht. Es gibt also 2 Typen von Männchen in ihrem ersten Brutrevier. Hemmungskleider sind offensichtlich häufiger als Fortschrittskleider.

Schlichte Weibchen

Weibchenfarbige Hausrotschwänze können also auch Männchen im zweiten Kalenderjahr sein. Kopf und Körper sind ❶ rußig grau, besondere Farbunterschiede im Gefieder gibt es nicht, abgesehen vom ❷ rostroten Schwanz. Damit sind die Identifizierungsprobleme bei Rotschwänzen aber noch nicht gelöst, denn auch die Weibchen vom Gartenrotschwanz sind graubraun (s. S. 93), Hausrotschwänze aber vor allem auf der Unterseite viel dunkler. Nicht immer sind Helligkeitsunterschiede und kleine Verschiedenheiten in Farbnuancen auf den ersten Blick sicher zu erkennen. Gartenrotschwänze sitzen zwar kaum auf dem Dach eines hohen Gebäudes, doch kommen beide Arten vor allem außerhalb der Brutzeit auch nebeneinander im Garten oder anderen Lebensräumen vor.

Hausrotschwanz, Weibchen

Vom Schicksal eines Felsenvogels

Ein Hausrotschwanz auf einer ❸ Dachrinne ist heute ganz normal. Die höchsten Dichten brütender Hausrotschwänze werden derzeit in Dörfern, Innenstädten, Industriegebieten und Gartenstädten erreicht. Auch in Steinbrüchen, Kiesgruben, großräumigen Abgrabungen, an Felswänden, in der Felsstufe der Alpen bis an den immerwährenden Schnee, aber auch an einzelnen Berghütten, Heustadeln der Alpentäler oder Einzelhöfen im Tiefland brüten Hausrotschwänze. Sie haben sich als Hausbewohner nicht so ausschließlich an den Menschen angeschlossen wie Haussperlinge. Das heutige Verbreitungsbild ist relativ jung. Man nimmt an, dass in vielen Gebieten die Einwanderung

in menschliche Siedlungen erst im Lauf des 19. Jahrhunderts eintrat und im nördlichen Mitteleuropa viele Stadtbesiedlungen sogar wesentlich später gediehen teilweise sogar erst als Folgen der Zerstörungen des Zweiten Weltkriegs. Ausweitung von Siedlungen, Vorstadtarealen oder Industrieanlagen brachten noch vor einigen Jahrzehnten Bestandszunahmen und Vergrößerung von Brutarealen mit sich. Kunstfelsen oder Naturfelsen – die Entscheidung spielt für den einstigen »Felsen«-Rotschwanz offensichtlich keine Rolle.

Die Zunahme an menschlichen Bauten liegt vermutlich im reichen Nahrungsangebot, denn natürliche Felslandschaften, insbesondere die Alpinstufe im Hochgebirge, sind auch in ungestörtem Zustand kar-

ge Landschaften, in denen oft genug mit Kälteeinbrüchen während der Brutzeit zu rechnen ist. Betonwand gegen Naturfels funktionierte also sehr gut. Konstante regionale und in der Zusammenschau auch großräumige Abnahme seit etwa 25 Jahren scheint aber wieder eine Wende zu markieren. Altbausanierungen großen Stils vor allem in der Bausubstanz Ostdeutschlands und auch anderswo sowie neuer funktioneller Baustil schmälern ohne Zweifel das Angebot an Nistplätzen, wie ja auch für andere Hausvögel (s. S. 122). Das ist sicher aber nicht der einzige Grund, denn zunehmende Bauverdichtung und Bodenversiegelung vernichten Nahrungsräume und Nahrungsvielfalt für einen Insektenjäger.

Vielfalt der Nistplätze

Über Standorte von Nestern der Hausrotschwänze gibt es viele Geschichten. Nester hat man bis über 45 Meter hoch gefunden, auf Pfeilern, Säulen, unter Brücken, auf Stahlträgern, Dachbalken, unter Hohlziegeln und in allen nur denkbaren Nischen an Gebäuden. Die Vögel lassen sich auch nicht vom Lärm in Werkshallen abschrecken und füttern ihre Jungen über lärmenden Maschinen, aber auch im Kirchenschiff während der Messe. Nester mit erfolgreichen Bruten stehen mitunter auf beweglichen Unterlagen wie Fahrzeugen oder Maschinen mit beschränktem Bewegungsradius. In die Nester werden allerlei Abfälle eingebaut, wenn Pflanzenhalme, Moos oder Flechten nicht erreichbar sind. So hat man Holzspäne, Stofffetzen, Isoliermaterial oder Reste von Werkstoffen in Nestern von Hausrotschwänzen entdeckt. Erfolgreiche Nester und Nestplätze werden manchmal wiederholt benutzt oder Nester von Rauchschwalben besetzt. Viele Brutplätze in Gebäuden sind über mehrere Jahre besiedelt.

Brutzeit

Je nach geografischer Lage liegen schon ab Ende April die ersten Eier im Nest, die letzten der zweiten Jahresbrut Ende Juli. Die Weibchen brüten mindestens 2 Wochen, die Nestlinge werden etwa ebenso lange von beiden Eltern gefüttert. Starke Störungen, an vielen Brutplätzen zu erwarten, treiben die Jungen oft schon einige Tage früher aus dem Nest. Flügge Junge können nach etwa 9 Tagen selbst Nahrung suchen und werden wenige Tage später von den Eltern verlassen. Am Ende der Brutzeit hält die Familie oft wesentlich län-

Hausrotschwanz, Jungvogel eben flügge

Jungvogel bereits selbständig

ger zusammen. Junge Hausrotschwänze sind schon am ersten Tag außerhalb des Nestes am ➊ rostroten Schwanz zu erkennen. Er wird, anders als die kleinen Körperfedern des Rotkehlchens (s. S. 88), im Herbst nicht mehr gemausert, kann aber wie bei den meisten jungen Singvögeln (s. S. 28) noch etwas ➋ länger werden. Am Anfang des neuen Lebensabschnitts sitzen noch Reste der ➌ Nestlingsdunen am Kopf. Der gelbe ➍ Schnabelwinkel bleibt noch einige Zeit im dunkelgrauen Gesicht erkennbar. Das ist wichtig, um flügge Jungvögel von den sehr ähnlich gefärbten Weibchen auch aus größerer Entfernung unterscheiden zu können. Die typische aufrechte ➎ Körperhaltung nehmen auch die Jungen schon ein.

Zur Unterscheidung von jungen Gartenrotschwänzen gilt es, auf Helligkeitsunterschiede der ➏ Unterseitenbefiederung zu achten.

Zug und Überwinterung

Hausrotschwänze ziehen etwa im Oktober nach Südwesten ab und erreichen ein Winterquartier, das von Westeuropa bis ins westliche Nordafrika reicht. Sie sind also im Unterschied zum Gartenrotschwanz typische **Kurzstreckenzieher** und ab Februar/März wieder an den Brutplätzen zu erwarten. Einzelne Vögel bleiben auch den Winter über in westlichen Gegenden Mitteleuropas. Ob solche Überwinterer in Zeiten des Klimawandels zunehmen, ist noch offen.

Gartenrotschwanz

Gartenbewohner mit Ernährungsproblemen

Naturnahe Wälder mit alten Bäumen, Streuobstwiesen oder Hochstammanlagen im Obstbau, in Parks und ländliche Gärten sind das Brutgebiet des Gartenrotschwanzes. Besondere Nistkästen, sogenannte Halbhöhlen, können dem Nischenbrüter helfen, auch dort zu brüten, wo natürliche Baumhöhlen zur Nestanlage fehlen. Aber es mehren sich die Zeichen, dass damit nicht alle Probleme eines Langstreckenziehers gelöst werden können. Gartenrotschwänze nehmen bedrohlich ab und sind in vielen Gärten zu einer Rarität geworden. Am Rückgang sind womöglich auch Nahrungsengpässe bei uns verantwortlich.

Die kleinen Unterschiede

Die Männchen zählen zu den buntesten heimischen Vögeln. ❶ Weiße Stirn, ❷ schwarze Kehle, ❸ orangerote Brust und ❹ graue Oberseite machen den Unterschied zum Weibchen groß und den ❺ roten Schwanz als Artmerkmal nicht mehr entscheidend. Die kleinen Unterschiede liegen zwischen den Weibchen der beiden Rotschwanzarten. Weibliche Gartenrotschwänze sind auf ❻ Unter- und ❼ Oberseite heller als Hausrotschwänze (s. S. 90). Das gilt auch für flügge Jungvögel.

Gartenrotschwanz, Männchen

Gartenrotschwanz, Weibchen

Unterschiede und Verwandtschaft

Die beiden Rotschwanzarten unterscheiden sich nicht nur im Kleid der Männchen erheblich. Auch der Gesang ist nicht zu verwechseln. Die Strophe des Gartenrotschwanzes ist vielseitiger und variabler, beginnt aber immer mit derselben Einleitung, so dass man die Art leicht identifizieren kann.

Als ursprüngliche Waldvögel sind Gartenrotschwänze in Gärten eingewandert. Nistkästen mit einem größeren Einflugloch oder nur halbhoher Vorderseite haben daran sicher ihren Anteil.

Gartenrotschwänze sind **Langstreckenzieher** (s. Hausrotschwanz)

mit Winterquartieren in Afrika südlich der Sahara. Sie kommen also später an und ziehen eher ab als Hausrotschwänze.

Äußere Unterschiede verdecken eine offensichtlich enge Verwandtschaft der beiden Arten. Immer wieder werden nämlich Bastarde zwischen ihnen beobachtet, etwa Männchen, die Merkmale beider Arten zeigen.

Gartenrotschwanz, Männchen im ersten Jahreskleid

Kleiderwechsel

Beide Männchen auf dieser Seite sind im Herbst aufgenommen worden und beide haben kurz zuvor die Mauser in ein neues Jahreskleid weitgehend hinter sich gebracht.

Beim jungen Männchen, das sein erstes Alterskleid angelegt hat, ist die ❶ orangerote Brust sichtbar, aber durch helle Federspitzen teilweise verdeckt. Die ❷ schwarze Kehle kann man nur erahnen, da hellbraune Federn sie fast ganz decken. Braune Federsäume machen auch die ❸ weiße Stirn unsichtbar. Bis zum Frühjahr nach der Rückkehr aus dem Winterquartier sind alle diese hellen Federsäume abgerieben und die jungen Männchen sehen dann fast so prächtig aus wie die alten Herren. Bei diesem ist schon im Herbst das Prachtkleid sichtbar, jedoch sind ❹ Brust und ❺ Kehle auch noch mit hellen Federsäumen besetzt. Von der weißen Stirn ist nur ❻ ein schmaler weißer Saum sichtbar. Bis zum Frühjahr sind auch bei ihnen alle hellen Spitzen abgenutzt und das Prachtkleid strahlt in frischem Glanz.

Überlebensprobleme

Der Bestand des Gartenrotschwanzes hat in vielen Gebieten Mitteleuropas seit Jahrzehnten abgenommen, allerdings nicht geradlinig, sondern mit mehrmals auffälligen Schwankungen. Auf Bestandseinbrüche folgten manchmal vorübergehende Erholungen. Veränderungen im Winterquartier südlich der Sahara sind dafür verantwortlich. Man hat Dürreperioden in der Sahelzone mit kurzfristigen Einbrüchen in Zusammenhang bringen können, weiß aber auch von Pestizidbelastungen in Afrika, einer langfristig wirkenden Gefahr. Im mitteleuropäischen Brutgebiet gibt es Hinweise, dass für die Ernährung der Jungen immer mehr Nahrungsengpässe entstehen. Gartenrotschwänze jagen vor allem am Boden und in der Krautschicht nach Insekten. Das wird durch hohe Nährstoffeinträge, die zu raschem Hochwachsen der Vegetation führen, behindert. Ausräumung und Intensivierung der Nutzung von Kulturlandschaften bis hin zu übertriebener Garten- und Rasenpflege sind die Ursachen für lokalen Rückgang von Nahrungstieren. Den neuerdings ermittelten katastrophalen großflächigen Schwund der Insekten können Nistkastenaktionen nicht ausgleichen.

Gartenrotschwanz, altes Männchen im Herbst

Grauschnäpper

Unauffälliger Ansitzjäger

Grauschnäpper jagen nicht wie Schwalben und Segler fliegenden Insekten hinterher. Ihre Technik ist die Ansitzjagd. Von einem exponierten Sitzplatz, sei es Fernsehantenne, Zaunpfosten oder ein wenig belaubter Zweig, wird ein kurzer Jagdflug gestartet, der bald wieder auf den Ausgangspunkt oder einen Platz in der Nähe zurückführt. Diese typischen Flugschleifen mit schnellen Wendungen und einem plötzlichen Ende mit einer Landung irgendwo in der Nähe sind ein wichtiger Hinweis für die Bestimmung der Art. Der kleine graue Vogel bietet nämlich sonst nicht viele Anhaltspunkte, ihn sicher zu identifizieren.

Vielseitiger Lebensraum

Grauschnäpper sind von Natur aus in lichten Wäldern daheim, gleichgültig ob Nadel-, Misch- oder Laubwälder. Entscheidend sind Lichtungen und Waldränder, denn in dichtem Baumbestand können sie ihre besondere Technik der Insektenjagd kaum anwenden. Grauschnäpper schnappen mit relativ ❶ breitem Schnabel Insekten in der Luft. Vom exponierten Sitzplatz starten sie jeweils nur für kurze Jagdflüge. Insektenfang in der Luft schafft eine gewisse Unabhängigkeit von der Struktur der Landschaft, vorausgesetzt der Luftraum über passenden Ansitzwarten wird nicht zu sehr eingeengt. So finden Grauschnäpper nicht nur an Waldrändern, sondern in sehr unterschiedlichen Typen halboffener bis offener Landschaften ihr Auskommen. Sie brüten in Gehölzen, Alleen, Obstgärten oder Gehöften und sind in menschlichen Siedlungen des ländlichen Raums zu Hause, auch in Wohnbezirken, Gartenstadtvierteln, Parkanlagen mit lockeren Baumbeständen oder in Friedhöfen. Da und dort sind sie selbst in Innenstadtbezirke vorgedrungen.

Die kleinen Unterschiede

Keine besonderen Merkmale heißt es in den Vogelbestimmungsbü-

Grauschnäpper, Altvogel

chern, wenn der Grauschnäpper beschrieben werden soll. Mittlere Singvogelgröße, schlanke Gestalt, die sich aber durch ❷ Aufplustern von Brust- und Bauchgefieder rasch verändern kann, großer dunkler ❶ Schnabel und ❸ dicker Kopf sind figürliche Merkmale. Sie können eine gute Bestimmungshilfe sein, wenn der Vogel frei im Gegenlicht sitzt. In günstiger Beleuchtung, aber auch da nur aus geringer Entfernung, sieht man die ❹ feine dunkle Strichelung auf Brust, Kehle und Stirn. Die wichtigste und sicherste Auflösung von

verbleibenden Fragezeichen bei der Bestimmung liefern die etwas hektischen Flugmanöver in den kurzen Jagdflügen, die meist wieder auf den vorherigen Wartenplatz zurückführen. Das macht in dieser Ausdauer kein anderer Singvogel.

Am Brutplatz

Auch die Stimme bringt keine große Hilfe, Grauschnäpper zu entdecken und zu identifizieren. Der Gesang ist sehr unauffällig, und kann nach dem Urteil von Fachleuten als einer der am einfachsten strukturierten Singvogelgesänge gelten. Er ist außerdem in der Regel nur für wenige Tage nach der Ankunft am Brutplatz bis zur Verpaarung mit einem Weibchen zu hören. Als Ruf ist meist nur ein hohes »zit« zu vernehmen, das ohne Erfahrung und Sicht auf den Rufer nur schwer einer Art zuzuordnen ist. Man muss sich also einhören, um Grauschnäpper akustisch zu identifizieren.

Neben einem Revier um das Nest verteidigen die Männchen auch bevorzugte **Ansitzwarten** gegen Konkurrenten, manchmal auch gegen andere Singvogelarten. Den Nestplatz bietet das Männchen an, die Wahl trifft das Weibchen. Nester liegen in Halbhöhlen und Nischen, im Wald in Höhlenanfängen von Spechten, abgebrochenen Stämmen, hinter abstehender Rinde oder in Wurzeltellern von umgeworfenen Bäumen, aber auch völlig frei in Astquirlen und Verzweigungen. In der Kulturlandschaft und in menschlichen Siedlungen sind Grauschnäpper durch viele ungewöhnliche Neststandorte bekannt geworden, etwa in Blumenkästen, aufgehängten Kränzen an Türen und Balkonen, hinter einem Fensterladen, auf einem Lampenschirm oder im Futterhäuschen für den Winter.

Man kann Grauschnäppern auch mit Nistkästen helfen, deren Vorderseite weitgehend offen ist. Beliebte Nistplätze sind Rankenpflanzen oder geschützte Winkel an Mauern, auch sichere Stellen un-

Grauschnäpper am Nest

term Dach. Immer wieder beziehen Grauschnäpper auch alte Nester anderer Vögel, in Häusern vor allem von Rauchschwalben. Oft werden Brutplätze über mehrere Jahre bezogen.

Das Nest ist ein auf fester Unterlage relativ ❹ ocker gebauter Napf aus Halmen, Moos und kleinen Wurzeln; die Mulde wird mit Tierhaaren ausgepolstert. Gelegentlich brüten die Weibchen unbemerkt in Rankenpflanzen auch unmittelbar über einem oft genutzten Hauseingang. Es gibt also Gelegenheiten, Grauschnäpper aus der Nähe zu beobachten und sich Merkmale eines unscheinbaren Vogels einzuprägen, wie hier im Bild die ❶ schlanke Gestalt mit langen Flügeln, den ❸ kräftigen schwarzen Schnabel und den ❷ gestri-

chelten Oberkopf. Die ❺ Jungen werden wohl bald das Nest verlassen und dann noch etwa 2 Wochen lang gefüttert.

Langer Zugweg

Grauschnäpper überwintern in Afrika südlich der Sahara bis Südafrika. Schon im September und Oktober können deutsche Brutvögel im tropischen Westafrika eingetroffen sein. Sie wandern offenbar auch den Winter hindurch in Afrika über größere Strecken, Näheres ist aber noch unbekannt. Ende April ist frühestens mit ihrer Rückkehr bei uns zu rechnen, Brutgebiete werden erst im Mai besetzt und ab August oft schon wieder verlassen. Letzte Durchzügler sind in Mitteleuropa noch im Oktober zu sehen.

Heckenbraunelle

Oft nicht einmal dem Namen nach bekannt

Um die 1,5 Millionen Brutpaare schätzt man in Deutschland, jeweils Hunderttausende in Österreich und in der Schweiz. Von der Küste bis an die Baumgrenze der Alpen ist der kleine Singvogel verbreitet und in klimatisch günstigen Gebieten das ganze Jahr über anzutreffen. Doch nur relativ wenige Menschen haben je eine Heckenbraunelle gesehen oder ihr feines unscheinbares Liedchen wahrgenommen. Sie huscht wie eine »graue Maus« nah über dem Boden, um in der Deckung Nahrung zu suchen. Ihr Lebensraum sind dichte Hecken und Büsche, eng stehende junge Nadelbäume und unterholzreiche Wälder.

Heckenbraunelle, Altvogel

achtet, doch verschwinden Brutpaare, wenn durch übertriebene Gartenpflege Gebüsch beseitigt und Hecken gestutzt werden. Wahrscheinlich ist auch Nahrungsmangel mit im Spiel, wenn Heckenbraunellen in Gärten ausbleiben.

Die kleinen Unterschiede

In ihrer grau-braunen Grundfärbung erinnern Heckenbraunellen an Sperlinge. Der ❶ dünne **Schnabel** passt aber nicht in diese Vogelgruppe. Die ❷ Oberseite ist ähnlich wie beim Sperling braun und dunkel gemustert, ❸ Kopf und Brust sind durchgehend bleigrau mit einer bräunlichen Nuance in der Ohrgegend und auf dem Scheitel.

Männchen und Weibchen sind nur im unmittelbaren Vergleich an der Intensität und Ausdehnung der bleigrauen Färbung von Kinn, Kehle und Brust voneinander zu unterscheiden.

Außerhalb von dichten Büschen oder Jungfichtenbeständen sieht man Heckenbraunellen vor allem auf dem Boden, denn so gut wie ausschließlich hier suchen sie nach Nahrung und lesen auch an Futterstellen heruntergefallene Körner auf. Sie hüpfen, laufen und rennen, halten dabei aber ihren Körper flacher als Sperlinge.

Einordnung eines Sonderlings

Die Heckenbraunelle gehört zu einer Vogelfamilie von 13 Arten, die alle eine gemeinsame Gattung bilden. Nur 2 von ihnen leben auch im Tiefland, die anderen sind Gebirgsvögel und brüten in den hohen Gebirgen Innerasiens. Auch in Mitteleuropa ist die Alpenbraunelle ein reiner Gebirgsvogel. Die Heckenbraunelle als die zweite mitteleuropäische Braunelle erreicht ihre größte Dichte im westlichen Mitteleuropa etwa ab Nordrhein-Westfalen und dem Oberrheingebiet. Über lange Zeit haben die Bestände zugenommen, aber in den letzten Jahrzehnten sind vor allem dort Abnahmen eingetreten, wo Intensivierung der Bodennutzung und Beseitigung von Büschen den Lebensraum negativ veränderten. Zunehmende Verstädterung wird zwar in manchen Gebieten beob-

Heckenbraunelle, singendes Männchen im Brutrevier

Wanderungen und Überwinterung

Der Jahreslebensraum von Heckenbraunellen, die irgendwann einmal in Deutschland waren, sei es als Brutvögel oder als Gäste, reicht von Nordnorwegen bis Nordwestafrika. Von beringten einheimischen Vögeln wurde im Winter etwa die Hälfte in der Umgebung des Brutortes gefunden, die andere vor allem im südwestlichen Frankreich und in Spanien. Mitteleuropäische Heckenbraunellen sind also Teilzieher. Deutschland zählt auch zum Überwinterungsgebiet skandinavischer Heckenbraunellen. Es gibt aber auch Vögel, die in verschiedenen Wintern an unterschiedlichen Orten nachgewiesen wurden. Die Verhältnisse liegen also nicht in jedem Fall klar auf der Hand.

Komplizierte Sozialstruktur

Ab März singen männliche Heckenbraunellen in ihrem Brutrevier. Man kann sie dann besser sehen als zu allen anderen Jahreszeiten, denn die Sänger sitzen meist erhöht und ❶ exponiert, besonders häufig auf ❷ Fichten. Der Gesang setzt sich aus rasch gesungenen Strophen zusammen, die mitunter weit zu hören sind als helle, aneinandergereihte Töne. Der Gesang hat in der Struktur Ähnlichkeit mit den schmetternden Strophen eines Zaunkönigs, klingt aber viel dünner und zarter.

Das Bild des singenden Reviermännchens aber könnte täuschen, denn an Heckenbraunellen sind komplizierte soziale Strukturen entdeckt worden, die das Miteinander revierbehauptender Männchen mit ihren nestbauenden und brütenden Weibchen gehörig durcheinanderwirbeln. Im Frühjahr verteidigen auch Weibchen kleine Reviere gegen andere Weibchen. Männchen verteidigen gegen andere Männchen ihre größeren Reviere, die ein Weibchenrevier oder auch mehrere enthalten. Monogamie entsteht, wenn ein Männchen ein Weibchenrevier erfolgreich behaupten kann. Kann es aber 2 Weibchenreviere verteidigen, ist die Folge Bigamie.

Kompliziert wird es, wenn sich ein Weibchenrevier mit 2 Männchenrevieren überschneidet oder zu groß ist, um von einem Männchen behauptet zu werden. Dann entsteht oft Biandrie, ein Weibchen hat 2 Männchen. Dabei leben dominante ($\propto$) und subdominante (β; meist einjährige) Männchen mit einem Weibchen zusammen. Das $\propto$-Männchen sucht das β-Männchen während der Legeperiode vom Weibchen fernzuhalten, was nicht immer gelingt.

Damit noch nicht genug: Es können auch 3 Männchen unterschiedlicher Dominanz mit einem Weibchen zusammenkommen. Polygynandrie ist der Fall, wenn sich mehrere Männchen- und Weibchenreviere überlappen.

Der Hintergrund solcher Fortpflanzungssysteme ist das Bestreben jedes Individuums, möglichst hohen Anteil eigener Gene an die nächste Generation weiterzugeben, also ganz persönlichen Fortpflanzungserfolg zu haben. Die verwickelten Beziehungen sind bisher allerdings nur bei Heckenbraunellen von Standvogelpopulationen mit hoher Dichte ermittelt worden. Ob die Verhältnisse überall so sind, bleibt noch offen.

Zaunkönig

Nächste Verwandtschaft in Amerika

Bei uns ist der Zwerg im Gebüsch einmalig, und das gilt von der Atlantikküste über die riesige Landmasse Asiens bis zum Pazifik. In Nordamerika leben 5 Zaunkönigarten, in Mittel- und Südamerika über 70. Zaunkönige sind also eine neuweltliche Vogelfamilie, von der nur eine einzige Art den eurasischen Kontinent besiedelt hat. Das ist unter Singvögeln außergewöhnlich. Wo es schattig und etwas feucht ist und dichtes Gebüsch wächst, fühlen sich Zaunkönige wohl. Sie sind Teilzieher. Harte Winter können unter den Dagebliebenen hohe Verluste verursachen, die aber nach kurzer Zeit wieder ausgeglichen werden.

Kleiner Kerl, kräftige Stimme

Zaunkönige singen nahezu das ganze Jahr über, selbst mitten im Winter, und setzen sich dabei auf halbhohe Singwarten auf Baumäste oder frei auf einem Pfosten oder Stein.

In Erregung wird der ❶ Schwanz aufgestellt, die ❷ hängenden Flügel sind meist etwas abgespreizt. Der Gesang ist für einen derart winzigen Sänger – Zaunkönige wiegen nur etwa ein Drittel eines Haussperlings – überraschend laut und kräftig. Nach einer Einleitung mit kurzen, leisen Lauten schmettern sie eine Strophe aus trillernden Phasen, die in einem Roller endet. Einzelne Männchen verfügen über verschiedene Strophentypen, man kann auch Gesangsdialekte (s. S. 23) unterscheiden. Der Gesang ist schwierig zu beschreiben, auch weil er so variabel ist. Aber wenn ein Zaunkönig zu schmettern anfängt, erkennt man ihn sofort. Auch die Rufe sind ein gutes Kennzeichen und verraten die Anwesenheit der Vögel, denn in den meisten Fällen sitzen Zaunkönige im Dickicht und sind nicht zu sehen. Sie lassen längere Reihen kurzer »«tek«-Rufe hören und schnurren bei größerer Erregung »zrrrrrr« wie ein mechanisches Uhrwerk. Normalerweise beginnen die Männchen schon sehr früh im

Zaunkönig, singendes Männchen

Jahr mit der Gründung eines Reviers. Wo sie als Standvögel den Winter über bleiben können, halten sich Zaunkönige sogar ganzjährig im Revier oder in dessen Nähe auf. Reviertreue eines Männchens bis zu 4 Jahren ist nachgewiesen. Wenn der Aufenthaltsraum über die Jahreszeiten gewechselt werden muss, verteidigen Männchen auch Winterreviere. Diese Revierstrategie erklärt auch die ganzjährige Gesangsaktivität und den an stillen Wintertagen besonders überraschend lauten Wintergesang.

Am Brutplatz

Steht ein Revier, dann beginnt das Männchen, Nester zu bauen, sogenannte Spielnester. Aber eigentlich handelt es sich um Angebote an ein Weibchen, das dann unter den angebotenen **Wahlnestern**, die natürlich noch nicht voll ausgebaut sind, eines auswählt. Von den übrigen kann das eine oder andere für eine zweite Brut verwendet werden. Im Mittel legt in gut untersuchten Beispielen ein Männchen 3–6 Wahlnester an. Meist liegen die Nester auf dem oder nahe am Boden, im Wurzelteller umgestürzter Bäume, im Überhang eines Erdabbruches, an Böschungen, Bachufern, in allerlei Höhlungen, auch in Kletterpflanzen an Bäumen und Mauern, in einem Mauerloch oder einem locker aufgeschichteten Holzhaufen – eigentlich überall dort, wo es nicht peinlich exakt aufgeräumt ist. Auch halboffene oder offene Nistkästen werden bezogen, wenn sie nicht zu hoch angebracht sind.

Das fertige **Brutnest** ist ein ovaler, rundum geschlossener Bau mit einem seitlichen Schlupfloch. Das Männchen baut die Außenwand aus Moos und abgestorbenem Pflanzenmaterial. Das Material verbaut sich am besten, wenn es feucht ist. Mit Moos, Federn, Haaren und Wolle polstert das Weibchen den Innenraum aus. Das Nest ist ein sorgfältig errichteter stabiler Bau, der in seiner Geschlossenheit auch einen guten Schutz vor Nässe und Kälte bietet. Der Rohbau durch das Männchen dauert einen Tag bis maximal 5 Tage, das Weibchen braucht für den Innenausbau etwa ebenso lange. Das Gelege aus normalerweise 5–7 Eiern wird vom Weibchen allein gut 2 Wochen bebrütet. Das

Zaunkönig trägt Futter zum Nest.

Männchen füttert das brütende Weibchen nur selten, beteiligt sich aber dann an der ❶ Jungenfütterung.

Die Nestlingszeit dauert ebenfalls mindestens 2 Wochen. Wenn die Jungen das Nest verlassen haben, müssen sie noch betreut werden. Da Zaunkönige in der Mehrzahl 2 Jahresbruten unternehmen, versorgt meist nur das Männchen die Jungen der ersten Brut. Jetzt kommen auch die Wahlnester wieder ins Spiel, denn die Jungen übernachten darin. Die Nestgeschwister bleiben oft noch eine Weile zusammen, nachdem sie die Altvögel verlassen haben. Ein Teil der Zaunkönigmännchen hat 2 Weibchen, aber auch bis zu 4 sind schon nachgewiesen worden.

Nahrung

Das ganze Jahr über ernähren sich Zaunkönige von Kleintieren (Gliederfüßer). Für Pflanzennahrung und vor allem Samen ist der feine Schnabel nicht geeignet. Die Fütterung der Nestlinge wird vor allem mit Schnaken, kleinen Schmetterlingen und deren Larven und Weberknechten bestritten, die in kleinen ❶ Bündeln zum Nest getragen werden. Im Winter kommen Spinnen und in Ritzen überwinternde Stadien verschiedener Insekten in Betracht. Weniger als andere Insektenverzehrer nehmen Zaunkönige im Herbst ab und zu kleine Beeren, z.B. vom Holunder, und im Winter ganz selten gelegentlich kleine Samen. Besuche an Futterstellen sind daher Ausnahmen.

Zaunkönig, Schlafnest im Winter

Kleintierjäger im Winter: Optionen

Ein kleiner Vogel hat im Verhältnis zur Körpermasse eine große Körperoberfläche und gibt daher in kalter Umgebung viel Wärme ab. Dazu kommt, dass auch im Winter die Nahrung, die aus Gliederfüßern besteht, bei großer Kälte und längeren Kälteperioden knapp wird. Das fordert Strategien, um die Folgen eines Winters zu mildern. Zaunkönige erleiden in harten Wintern schwere **Verluste** in Mitteleuropa, können sie aber in Waldgebieten als optimalen Lebensräumen schon nach 1–2 Jahren wieder ausgleichen; großräumig sind dafür bis etwa 5 Jahre erforderlich. Damit ist die Lösung des Problems von harten Wintern über

mehrere Generationen verteilt.

Eine weitere Option ist **Abzug** in ein mildes Winterquartier. Die meisten Zaunkönige in Mitteleuropa bleiben in der Nähe ihres Brutortes. Offenbar finden aber Abwanderungen aus höheren und raueren Gebieten in tiefere Lagen statt. Einige deutsche Zaunkönige wandern immerhin bis Westfrankreich. Wahrscheinlich kommen auch Zaunkönige aus östlichen und nördlichen Gebieten im Winter nach Mitteleuropa. Jedenfalls reicht der Lebensraum, wie Wiederfunde von in Deutschland beringten Vögeln zeigen, bis ins südliche Skandinavien. Dieses Ergebnis deutet an, dass für mitteleuropäische Zaunkönige ein Wegzug über

größere Strecken keinen großen Vorteil bedeutet, bei Skandinaviern lohnt sich das wegen der strengeren Winter eher. Für den kleinen rundflügeligen Vogel bedeuten lange Zugstrecken ohne Zweifel ein großes Überlebensrisiko.

Wenn also auf Zug oder Winterflucht über weite Strecken verzichtet werden muss, ist die Suche nach günstigen Unterschlupfmöglichkeiten vor allem während der langen Winternacht eine Option. Zaunkönige sind in dieser Hinsicht sehr findig und suchen im Winter oft Unterschlupf in Kletterpflanzen am Haus, am Gartenhaus, in einem Schuppen oder einem Holzstoß, in einem Tierstall, unter einem Schuppendach oder in einem anderen günstigen Versteck, das Schutz bietet und den Wärmeverlust verringert. Gar nicht so selten schießt auch einmal eine fliegende Maus unter einem geparkten Auto heraus – ein Zaunkönig.

Eine weitere Möglichkeit ergibt sich aus der ganzjährigen Reviertreue, denn in einem Revier stehen ja mehrere Nester. Wahlnester oder alte ❶ Brutnester bieten idealen Schutz vor der Nachtkälte. Wenn es besonders kalt ist, geben Zaunkönige ihr aggressives Verhalten gegen Artgenossen und damit das Einzelgängertum vorübergehend auf. So fliegen abends nach und nach mehrere Vögel in ein Schlafnest ein. Bis zu 10 Vögel, in größeren Räumen außerhalb eines Nestes bis 25, wurden in einer solchen ❷ sich gegenseitig wärmenden **Schlafgemeinschaft** schon gezählt. ❸ Kotspritzer vor dem Nesteingang zeigen, dass das Nest regelmäßig aufgesucht wird. Mit der Nesthygiene (s. S. 60) wird es in der Kälte nicht so genau genommen wie bei Nestlingen.

Wasseramsel

Der einzige Singvogel, der tauchen kann

Dort wo Bachforellen leben, an Ober- und Mittelläufen wenig belasteter Fließgewässer, kann man auch auf Wasseramseln treffen. Das Brutgebiet umfasst die gesamten Alpen und reicht nach Norden bis über die deutsche Mittelgebirgsschwelle hinaus. Oft überraschen die Vögel auf einem umflossenen Stein oder mit raschem Schwirrflug über dem fließenden Wasser mitten in einer Stadt nahe einer belebten Uferstraße. Sie lassen sich ein Stück von der Strömung treiben oder tauchen plötzlich ab. Die Standvögel haben bisher nicht abgenommen. Das ist wohl den Bemühungen zu verdanken, die Wasserqualität zu verbessern.

Wasseramsel in ihrem Revier

Mit schwirrendem Flügelschlag fliegt der Vogel niedrig über dem Wasser flussaufwärts, lässt sich dann ins Wasser fallen und mit der Strömung ein Stück treiben. Ganz unerwartet ist er plötzlich verschwunden und taucht erst nach Minuten wieder auf. Das Erstaunlichste kommt zuletzt: Scheinbar mühelos startet der aufgetauchte Vogel vom Wasser in die Luft, um wieder auf einen Sitzplatz zu fliegen. Sein Gefieder ist offensichtlich überhaupt nicht nass geworden. Im ruhigen Sitzen auf dem Kies kann man Wasseramseln leicht übersehen, selbst der weiße Brustlatz wirkt oft wie ein heller Stein. Gelegentlich sind kurze scharfe Rufe zu hören, die das Rauschen der Wassers übertönen und die Anwesenheit von Wasseramseln manchmal eher verraten als eine Suche mit den Augen. Männchen und Weibchen singen. Ihr Gesang ist ein dahin fließendes Schwätzen, nicht sehr laut und auffällig. Und doch kann man es aus dem Wasserrauschen gut heraushören.

Spezialist im Porträt

Es gibt nur zwei heimische Singvögel, die an reißenden Flüssen und rasch fließenden Bächen leben. Wasseramseln sind so gut wie ausschließlich dort zu finden, Gebirgsstelzen trifft man gelegentlich auch fernab vom Wasser.

Der gedrungene starengroße Vogel steht mit kräftigen Beinen auf einem vom Wasser überspülten Stein in der ❶ lebhaften Strömung. Er knickst fortwährend, zuckt mit den Flügeln und stelzt den kurzen Schwanz. Der weiße ❷ Brustlatz im fast einheitlich braunen Gefieder blitzt wie ein Signal auf, wenn sich der Vogel dreht. In günstiger Beleuchtung kann man erkennen, dass sich der Bauch unterhalb des Brustlatzes ❸ rotbraun vom stumpfen Braun des übrigen Gefieders abhebt. Das deutet an, dass diese Wasseramsel ein Mitteleuropäer ist. Nordische Wasseramseln, die als einzelne Wintergäste in Norddeutschland erscheinen, sind unterseits dunkelbraun.

Ortstreue am Wasser

Fließgewässer mit starker Strömung frieren im Winter in der Regel nicht zu. Daher sind Wasseramseln als Standvögel ganzjährig in ihrem Lebensraum zu beobachten, oft auch dieselben Vögel ihr Leben lang. Nur ungünstige Umstände, extreme Witterungsbedingungen oder starke Veränderungen des Wasserstands und natürlich Eingriffe und Störungen zwingen zu Ausweichbewegungen oder Aufgabe eines Brutplatzes. Wer als Kleintierjäger ohne vegetarische Zusatznahrung das ganze Jahr über am Ort bleibt, kann nur unter besonderen Voraussetzungen überleben. Wasseramseln ernähren sich hauptsächlich von kleinen Wasser-

tieren. Larven und Nymphen von Köcher-, Eintags- und Steinfliegen oder Bachflohkrebse, Strudelwürmer, Wasserkäfer, Wasserasseln, kleine Schnecken und auch winzige Jungfischchen ergeben eine vielseitige Nahrungsgrundlage. Wassertrübung, etwa durch Hochwasser, schneidet Wasseramseln von den wichtigsten Nahrungsorganismen ab. Sie müssen dann auf Beutetiere ausweichen, die an Land oder am Ufer leben.

Die Ausbeutung des vielfältigen Angebots unter Wasser fordert besondere Anpassungen und engt den möglichen Lebensraum ein. Wasseramseln haben ein dichteres Körpergefieder mit deutlich mehr Federn als gleichgroße Landvögel.

Gefiederpflege mit sorgfältigem Einfetten des Gefieders macht etwa 5 Prozent der täglichen Aktivität aus. Wasseramseln schwimmen mit ausgebreiteten Flügeln. Unter Wasser bewegen sie sich mit langsamen Schlägen der geschlossenen Flügel gegen die Körperseiten und halten sich mit den Füßen am Untergrund fest. Mit ihrem kräftigen Schnabel drehen sie auf der Suche nach Nahrungstieren auch kleine Steine um. Das Brutgebiet der Wasseramsel ist auf Gebirge, Mittelgebirge und ihre Vorländer begrenzt. Am Unterlauf der Flüsse in Norddeutschland ist kein Platz mehr für sie. Der Brutbestand in Deutschland wird auf weniger als 20 000 Paare geschätzt.

Am Brutplatz

Das Männchen wählt den Neststandort. Er wird oft über viele Jahre beibehalten. Die Nester stehen auf einer festen Unterlage; Brücken und Uferbauten mit Löchern und Nischen sind daher beliebte Nistplätze. Auch Nistkästen werden von Wasseramseln gern angenommen. Manchmal liegen die Nester hinter einem Wasserfall. Die Altvögel müssen dann stets durch kleine Lücken des Wasservorhangs durchfliegen. Das **Nest** ist eine große ❶ Mooskugel mit seitlichem Eingang, der oft nach unten weist und wie eine Röhre nach oben durch die dicke Nestwand führt. Innen ist eine napfförmige Mulde ausgekleidet. Die Bauzeiten nehmen oft über 2 Wochen in Anspruch. Schon ab Februar oder März liegen 4–6 Eier im Nest. Die Jungen können früher schwimmen als fliegen. Nachdem sie das Nest verlassen haben, werden sie noch bis zu 2 Wochen von den Altvögeln betreut.

Wasseramsel im Anflug zum Nest

Bachstelze

Wellenflug und Schwanzwippen

Manchmal hilft schon das Bewegungsmuster, einen Vogel zu erkennen. Bachstelzen fliegen wie kein anderer heimischer Kleinvogel in auffälligen Wellenbahnen ihre Strecken durch die Luft. Auf dem Boden wippt der lange Schwanz ständig auf und ab. Man hat vermutet, dass dieses Schwanzwippen Bedeutung als Signal haben könnte. In offenen Landschaften sind Bachstelzen weit verbreitet und besonders häufig in Nordwestdeutschland. Man trifft sie zwar an Bächen, doch die meisten haben ihre Nester heute in Nischen an menschlichen Bauten und brüten selbst in Industrieanlagen oder in der Großstadt.

Bachstelze, Altvogel im Frühjahr

Sommervogel nun auch im Winter?

Die Bachstelze auf diesem Frühjahrsbild scheint vom Nachwinter überrascht und muss ihre Nahrung zwischen ❶ Schneeresten suchen. Auf dem Bild handelt es sich wohl um ein Männchen, da der ❷ schwarze Nacken sich scharf vom grauen Rücken absetzt. Männchen kommen in der Regel früher wieder an den Brutplatz zurück. In Deutschland galten Bachstelzen als Sommervögel, die von März bis Oktober zu sehen sind. Zur Brutzeit in Deutschland beringte Bachstelzen waren im Winter im Süden der Iberischen Halbinsel und in Nordwestafrika. Unter weit über 500 Wiederfunden von Bachstelzen, die in Deutschland beringt oder als Ringvögel auswärtiger Beringungsstationen gefunden wurden, liegt im Mittwinter keiner im Land. Doch das Internetportal *ornitho*, in das Vogelbeobachter ihre Beobachtungen eingeben, verzeichnet für Januar 2016 über 1200 Beobachtungen von Bachstelzen in fast allen Teilen Deutschlands.

Hat sich da etwas geändert? Vielleicht bahnt sich eine Veränderung an parallel mit der Zunahme milder Winter. Aber noch sind die Zeiträume zu kurz, um sichere Prognosen zu formulieren. Es gab auch schon früher Winterbeobachtungen, sogar in Gebieten mit strengen Wintern. Noch bleibt manches offen, aber es lohnt sich, Vögel sorgfältig zu beobachten, um Fragen zu Änderungen in unserer Umwelt beantworten zu können.

Lebensräume

Ursprüngliche Lebensräume für Bachstelzen waren wohl Uferpartien an Fließgewässern oder Schotterbänke an Flüssen. Daher der deutsche Name. Auch heute noch sind sie gerne am Wasser. Zu Bootshäusern am See gehören Bachstelzen, aber auch auf Bauernhöfe, an Scheunen oder in Dörfer, die noch den ländlichen Charakter bewahrt haben. Bachstelzen haben sich in offenen und halboffenen Landschaften angesiedelt, finden in Industriegebieten geeignete Lebensräume und brüten in Klein- und Großstädten. Viele Bachstelzen wurden zu Hausstelzen mit Nestern in Mauern und unterm Dach. Die Folge war eine langfristige Zunahme. Lediglich geschlossenen Wald besiedelten sie nicht. Mittlerweile sind auch einheitlich strukturarme Agrarflächen, vor allem die riesigen Maisflächen, für Bachstelzen nicht mehr geeignet. Viele Brutplätze sind durch Verstädterung und Bauverdichtungen verloren gegangen. Geeignete Brutplätze verschwinden durch Gebäudesanierung oder entstehen

Bachstelze beim Nestbau

erst gar nicht bei moderner Bauweise. Zudem vernichtet jede Bodenversiegelung Nahrungsflächen. Noch sind Bachstelzen als Brutvögel flächendeckend verbreitet, aber ihr Bestand hat in Deutschland in den letzten 2 Jahrzehnten abgenommen.

Am Brutplatz

Bachstelzen bauen ihre Nester vor allem in Nischen und Halbhöhlen. Heute stehen die meisten in Schuppen oder Scheunen, auf Dachbalken, unter Dachziegeln, in Mauerlöchern, aber auch in Steindämmen, Holzhaufen oder in Trägerkonstruktionen von Brücken oder von Industrie- und Verkehrsbauten. Manchmal eifern Bachstelzen in ihren Finderqualitäten Hausrotschwänzen nach (s. S. 92). Ursprüngliche Nistplätze waren Böschungen, Erdabbrüche, Wurzelteller umgestürzter Bäume, Kopfweiden und andere Verstecke. Zum Nestbau wird ❶ trockenes Pflanzenmaterial zusammengetragen, meistens von Weibchen, die

aber von Männchen unterstützt werden. Da beim nestbauenden Vogel auf dem Bild das ❷ Schwarz des Nackens nicht scharf vom grauen Rücken abgesetzt ist, handelt es sich wohl um ein Weibchen. Die Geschlechter sind bei Bachstelzen nur an Kleinigkeiten zu unterscheiden.

Bachstelzen leben das ganze Jahr über von Kleintieren. Das Weibchen brütet nachts, tagsüber beteiligt sich auch das Männchen. Die Jungen werden mit ❸ Insekten gefüttert, die in kleinen Paketen zum Nest getragen werden. Nach dem Verlassen des Nestes kümmern sich die Eltern meistens nur noch wenige Tage um sie. Das Paar beginnt in der Regel noch eine zweite Brut im Jahr.

Bachstelze füttert Nestlinge.

Bachstelze, Schlichtkleid

kurzer Vegetation, auf denen es sich gut umherlaufen lässt. Aus diesem Grund sind Bachstelzen auch oft Wegbegleiter, da Straßen und Wege für sie ebenfalls die Fortbewegung erleichtern und das Insektenleben an den Wegrändern in der Sommerwärme oft guten Jagderfolg verspricht. Bachstelzen sucht man abseits der Brutplätze am besten auf ❸ kahlen Flächen. Bei den Sommergesellschaften handelt es sich zunächst um Nichtbrüter, die sich abseits von Brutplätzen halten. Zu ihnen kommen mehr und mehr Vögel, die ihr Brutgeschäft beendet haben oder als Junge selbständig geworden sind. Die Beobachtung solcher emsig umhertrippelnden Stelzen macht viel Spaß. Es ist auch immer wieder einmal mit anderen Singvögeln zu rechnen, die sich solchen nahrungssuchenden Schwärmen vorübergehend angeschlossen haben.

Eine Besonderheit der Bachstelze sind Gemeinschaftsschlafplätze. Im Frühjahr und Sommer sind es meist nur wenige Vögel, die sich im Röhricht oder auf Weidenbüschen abends sammeln. Gegen Herbst können die Schlafgemeinschaften bis zu Hunderten anwachsen. Besonders spektakulär ist dann auch manchmal die Schlafplatzwahl, denn Bachstelzen suchen auch Bäume, höhere Sträucher oder bewachsene Mauern aus, die im Licht von Straßenlampen oder an verkehrsreichen Plätzen stehen. Die Schlafgäste selbst sind dann ebenfalls noch lange nicht ruhig, so dass es mit dem Einschlafen wohl ziemlich spät wird. Aber Schutz vor Feinden und Abkühlung während der Nacht wiegt solche Nachteile wohl auf.

Die kleinen Unterschiede

Ab Hochsommer sieht man fast nur noch Bachstelzen, die statt des großen schwarzen Brustlatzes nur einen schwarzen ❶ Halbring tragen, der in der Mitte verbreitert ist. Statt des schwarzen haben sie einen ❷ grauen Oberkopf. Altvögel legen etwa ab Ende Juli durch eine Mauser das Schlichtkleid an, Jungvögel etwa zur gleichen Zeit das erste Alterskleid, das dem Schlichtkleid der Altvögel sehr ähnlich ist. Die weißen Gefiederpartien der Jungen sind etwas grauer als bei den Altvögeln. Das Schlichtkleid wird in einer Teilmauser, die nur Partien der kleinen Körperfedern umfasst, von Januar bis März in ein Prachtkleid verwandelt, mit dem die Bachstelzen vom Winterquartier an ihre Brutplätze kommen.

Kleine Unterschiede gibt es aber nicht nur zwischen den Jahreszeiten, sondern auch geografisch. Die Bachstelzen in Nordwesteuropa tragen im Prachtkleid viel mehr schwarz und werden als **Trauerbachstelzen** bezeichnet. Einige wenige von ihnen brüten gelegentlich auch an der Küste Nordwestdeutschlands. Da sie sich aber auch mit »normalen« Bachstelzen verpaaren, ist es nicht immer ganz sicher, welche man vor sich hat.

Gesellschaftsleben

Ab Hochsommer bis in den Herbst hinein sammeln sich Bachstelzen häufig in größeren Konzentrationen an flachen Seeufern oder an der Küste, aber auch auf frisch gemähten Grünflächen, umbrochenen Äckern und anderen Flächen mit

Gebirgsstelze

Brütet nicht nur im Gebirge

Der Name trifft es nicht mehr, denn Gebirgsstelzen oder Bergstelzen haben sich in den letzten rund 150 Jahren entlang von Fließgewässern von den Bergen ins Tiefland hinein ausgebreitet. Bauten und Verbauungen an Bach und Fluss schufen neue Brutplätze. Zunehmende Gewässerverschmutzung stoppte aber diese Entwicklung und führte zu Bestandseinbrüchen. Als Folge verbesserter Wasserqualität und Abwasserreinigung wurde das Tief jedoch überwunden, und derzeit scheint der mitteleuropäische Bestand stabil. Gebirgsstelzen sind wesentlich stärker als Bachstelzen an fließendes Wasser gebunden.

Gebirgsstelze, Männchen im Prachtkleid

Gesang gegen Wasserrauschen
Schattenreiche Bäche und Flüsse mit Wildflusscharakter sind der ursprüngliche und optimale Lebensraum der Gebirgsstelze. Wenn dort ein Männchen mit seinem Gesang gehört werden will und auch die Verständigung mit Rufen funktionieren soll, sind akustische Anpassungen nötig, um gegen das Rauschen des Wassers anzukommen. Gebirgsstelzen singen kurze Strophen mit spitzen und hohen Lauten, die das Rauschen übertönen. Dazu suchen sie sich eine exponierte Singwarte aus, z.B. einen höheren Felsbrocken oder ❶

einen Stein im oder am Fluss. Gelegentlich wagen sie auch einen kleinen Singflug. Die Rufe von Gebirgsstelzen klingen manchmal denen der Bachstelzen ähnlich, sind aber meistens deutlich härter und spitzer. Die Unterscheidung der beiden Arten an ihren Rufen ist gut möglich, wenn man sich etwas eingehört hat. Am Fluss kündigen sich die Gebirgsstelzen durch Rufe oft schon an, wenn man noch gar keinen Blick auf die Uferpartien geworfen hat.
Der auffallend ❷ gelbe Bauch ist nicht so auffällig, wie man meinen möchte, oft sind die Flanken auch

aufgehellt. Die Unterseite der Weibchen ist nur blassgelb. Die ❸ aschgraue Oberseite verbirgt die lebhaften Vögel oft auf den dunklen, nass glänzenden Ufersteinen. Die Männchen im Prachtkleid haben eine ❹ schwarze Kehle, die bei den Weibchen meist mit weißen Federchen durchsetzt ist.

Gebirgsstelze, Männchen bringt Futter

Die kleinen Unterschiede

Das Männchen mit Futter für die Nestlinge zeigt auf diesem Bild fast alles, was eine Gebirgsstelze ausmacht. Die ❶ schwarze Kehle, der ❷ weiße Überaugen- und Bartstreif und die gelbe Unterseite. Sie ist an den ❸ Flanken oft fast weiß, besonders ❹ intensiv gelb an Bauch und Steißregion. Der ❺ graue Rücken hebt sich von den ❻ schwarzbraunen Flügeln deutlich ab. Im Vergleich zur Bachstelze ist der ❼ Schwanz deutlich länger, die ❽ Beine sind kürzer. Gebirgsstelzen sitzen daher ziemlich tief und wenn ihr Schwanz nach Stelzenart ständig wippt, macht der ganze Hinterkörper mit. Bewegungen und Silhouette machen den Vogel auch durch die Gischt des spritzenden Wasserfalls oder im tiefen Schatten des Bergbachs sofort kenntlich, auch gegenüber einer Bachstelze. Die ist zwar in der Regel nicht am Wildfluss, doch unternehmen Gebirgsstelzen vor allem nach Beendigung der Brut oft Ausflüge auf Wiesen oder Brachflächen und kommen auf Grünflächen von Parks und Gärten, oder fliegen im Wellenflug übers Haus. Dann spielen die kleinen Unterschiede gegenüber Bachstelzen und die verschiedenen Rufe eine wichtige Rolle für eine einwandfreie Artbestimmung. Sich viele Merkmale einzuprägen, auch wenn man die Art sicher erkannt hat, ist nicht überflüssig. Im Herbst begegnet man Stelzen, die ganz anders aussehen. Ob es sich dann auch um Gebirgsstelzen handelt, lehrt genaues Hinsehen. Wie an ❾ Schwanzfedern und ❿ Kleingefieder an den Hals- und Kopfseiten zu sehen ist, befindet sich der Vogel auf dem unteren Bild in der herbstlichen Mauser. Die Brust zeigt eine ❿ bräunliche Schattierung. Daher könnte es sich um einen Jungvogel handeln, der im Herbst ins erste Alterskleid mausert. Auch bei Altvögeln, die ins Schlichtkleid mausern, ist die ⓫ Unterseite nur am hinteren Ende gelb, vorne weiß aufgehellt. Von der Kopfzeichnung ist von diesem Blickwinkel aus und beim aktuellen Mauserstand nicht viel zu erkennen. Trotzdem ist die Diagnose Gebirgsstelze sicher: ❾ Langer Schwanz, ⓬ relativ kurze Beine und ⓭ zweifarbige graue Oberseite sowie noch ansehnliche Reste von Gelb auf der Unterseite reichen dafür aus. Aber Vogelbestimmung im Spätsommer und Herbst hält wegen der Mauserverhältnisse bei vielen Arten oft kleine Herausforderungen bereit.

Gebirgsstelze, Herbstvogel

Goldhähnchen

Die Kleinsten im Nadelwald versteckt

5–6 Gramm wiegen die kleinsten heimischen Vögel. Zwei Zwillinge, Winter- und Sommergoldhähnchen, leben in dicht benadelten Zweigen von Nadelbäumen. Man braucht Geduld, um sie zu sehen. Rufe und Gesang sind so hoch und fein, dass manche Menschen sie nicht mehr hören können. Sommergoldhähnchen erscheinen auf dem Durchzug auch in Laubbäumen und Büschen in Parks und Gärten. Wintergoldhähnchen halten sich enger an Nadelbäume, vor allem an Fichten. Als Teilzieher nehmen sie die Herausforderung an: Je nach Witterung und Nahrungsangebot bleiben viele von ihnen bei uns bis in den Winter.

Sommergoldhähnchen, Männchen

Schau ihnen ins Gesicht, Teil 1

Goldhähnchen lassen sich nur mit Geduld beobachten, weil sie immer in dichten Zweigen in Bewegung sind. Günstige Gelegenheiten ergeben sich vor allem für Sommergoldhähnchen, wenn sie beim Umherstreifen oder auf dem Durchzug in Büschen und Laubbäumen auftauchen. Man begegnet ihnen auch als Brutvögel in einzelnen Fichten in Parkanlagen und Gärten. Dann ist es oft der feine Gesang, der auf die versteckten kleinen Vögel aufmerksam macht. Er ist zwar ähnlich hoch wie der vom Wintergoldhähnchen und da-

her für manche Menschen nicht mehr zu hören, doch kommt die an Lautstärke zunehmende Strophe doch noch eindringlicher ins Ohr als das Wispern der Wintergoldhähnchen. Die zur Artbestimmung erforderlichen optischen Kennzeichen muss man sich meist erst nach längerer Beobachtung zusammensuchen.

Entscheidend ist der Blick ins Gesicht. Sommergoldhähnchen zeigen einen ❶ schwarzen Augenstrich, der deutlich von einem weißen Überaugenstrich abgesetzt ist. Die ❷ Halsseiten sind lebhaft grünlich gelb und das ❸ goldene

Krönchen leuchtet beim Männchen eher goldorange und präsentiert sich auch beim Weibchen lebhafter gefärbt als bei Wintergoldhähnchen. Aber das Männchen auf dem Bild ist offensichtlich erregt und präsentiert sich nicht nur als ganzer Kerl, sondern auch sein Kronjuwel.

SOMMERGOLD-HÄHNCHEN

WINTERGOLD-HÄHNCHEN

Wintergoldhähnchen

Schau ihnen ins Gesicht, Teil 2
Das Gesicht des Wintergoldhähnchens beherrscht das ❶ große dunkle Auge. Wenn meist für nur wenige Sekunden der Kopf aus den dichten Nadeln einer Fichte auftaucht, kann man vielleicht noch die aufgehellte Augenumgebung erkennen. Das ❷ Krönchen ist bescheidener als beim Gattungsverwandten, auch bei einem Männchen sieht man von der Stirn her nur etwas Gelb, das erst am hinteren Scheitel ins Orange verläuft. Ein kleiner Unterschied kann noch bei der Bestimmung helfen: Die schwarze Umrandung der goldenen Krone schließt sich bei Sommergoldhähnchen an der Stirn, beim Wintergoldhähnchen ist sie durch einen ❸ diffusen grauen Abschnitt unterbrochen, jedenfalls nicht scharf abgesetzt. Köpfe sind bei Goldhähnchen aber selten ausreichend lang zu sehen, wenn die winzigen Vögel eifrig nach Nah-

rung suchen. ❹ Hals und Nacken liefern noch ein wichtiges Kennzeichen, denn sie sind beim Wintergoldhähnchen nicht grüngelb abgesetzt, sondern haben die gleiche olivgrünliche Färbung wie die übrige Oberseite.

Winter und Sommer
Sommergoldhähnchen sind Kurzstreckenzieher und überwintern in Südwesteuropa. Unter Wintergoldhähnchen gibt es dagegen bei uns viele Winterausharrer, die wohl großenteils auch Wintergäste aus nördlichen und östlichen Gebieten sind. Auch Wintergoldhähnchen erreichen als Kurzstreckenzieher die Iberische Halbinsel und Nordwestafrika. Die Verhältnisse sind aber noch nicht eindeutig geklärt, denn Beringungen zur Brutzeit oder gar von Nestlingen sind sehr schwierig. Die versteckten Nester sind in größerer Zahl kaum zu finden und die Beringung wäre für die winzigen

Nestlinge auch gar nicht zu verantworten. So liegen nur Ringfunde von Durchzüglern vor, die an den Beringungsstationen gefangen wurden, deren Herkunft aber nicht eindeutig klar ist.
Den Winter über ausharren oder anstrengende Wanderungen auf winzigen Flügeln – beide Überlebensstrategien fordern von den zarten Geschöpfen unglaubliche Leistungen.
Für Januar 2016 verzeichnet das Internetportal *ornitho* in Deutschland rund 80 Beobachtungen von Sommergoldhähnchen, davon die meisten in Südwestdeutschland, und über 1700 von Wintergoldhähnchen.
Kälte ist auch zur Brutzeit ein Problem für die beiden Kleinsten. Die napfförmigen Nester müssen sorgfältig gebaut sein, um die nötige Isolierung zu erreichen. Die Polsterschicht besteht aus Hunderten bis über 2000 kleinen Federn.

Zilpzalp

Der Kleine, der lauthals seinen Namen singt

Jeder Naturfreund kennt das fröhliche, rhythmische und etwas monotone »Zilp zalp«, das im Frühjahr aus Bäumen in Wald, Park und Garten zu hören ist. Der versteckt sitzende kleine Sänger schafft damit sogar eine grenzübergreifende Sprachangleichung. Unser Zilpzalp ist der *tjiftjaf* der Niederländer, der *tiltaltti* der Finnen und der *chiffchaff* der Engländer. Wenn er nicht mehr singt, wird die Artbestimmung schwierig. Denn der Zilpzalp hat mit dem Fitis einen Doppelgänger. Die beiden sind optisch nur an wenigen kleinen Merkmalen zu unterscheiden und haben sehr ähnliche Rufe.

Zilpzalp im Herbst

Der Zilpzalp ist der häufigste seiner Familie und im Frühjahr an seinem rhythmischen Gesang eindeutig zu identifizieren.

Optische Artmerkmale werden nur aus der Nähe sichtbar. Zu achten ist auf die ❶ dunklen Beine. Der helle ❷ Überaugenstreif setzt sich nach dem Auge nicht mehr fort, der ❸ Schnabel ist großenteils dunkel, die ❹ Flügelspitze relativ kurz. Herbstvögel, wie der im Bild, lassen oft kaum mehr grünliche Farbtöne erkennen.

Mit dem Zilpzalp ist im Frühjahr überall zu rechnen, wo Laubbäume stehen. Er kann auch in Gärten leben und lässt seinen Gesang selbst aus Baumgruppen in Innenstädten hören. Das Überwinterungsgebiet liegt vor allem in den Ländern um das westliche Mittelmeer. Schon ab Mitte März kommen die ersten Vögel wieder zurück, bis Ende Oktober sind die meisten abgezogen, doch mehren sich die Beobachtungen einzelner Wintervögel in Mitteleuropa.

Die kleinen Unterschiede

Beim Zilpzalp geht es nicht um kleine Unterschiede zwischen Männchen und Weibchen oder Jung und Alt. Zur Familie der Laubsänger zählt eine Reihe kleiner grünlicher Vögel, die optisch nicht viel aus sich machen und allenfalls nur an kleinen Unterschieden erkennbar sind. Man muss manchmal schon zufrieden sein, wenn man einen Laubsänger als solchen sicher von anderen kleinen braunen oder grauen Insektenfressern unterscheiden kann, denn auch die besten Bestimmungshilfen lassen den Einsteiger oft allein. Begegnungen draußen sind oft sehr kurz, und die flinken Vögel verschwinden schnell hinter einem Blatt oder Zweig. Die Arten unterscheiden sich aber meist eindeutig in ihren Gesängen, nur singen sie nicht den ganzen Sommer.

Fitis

Der Doppelgänger mit der Flötenstrophe

Fitisse sind Langstreckenzieher, die im westlichen und südlichen Afrika überwintern. Sie melden sich meist erst ab April mit einer feinen, etwas schwermütigen Flötenstrophe, die im Abfall der Tonhöhen, nicht aber in der Klangfarbe, etwas an den Schlag des Buchfinken erinnert. Lichte Wälder, Auwälder und Weidengebüsch am Wasser sind ihr bevorzugter Lebensraum. In Stadtparks und Gärten sind sie meist nur als Durchzügler zu entdecken. Dabei singen sie auch die eine oder andere Strophe, sind aber sonst an ihrem weicheren Ruf und ihrem ähnlichen Aussehen nicht immer sicher vom Zilpzalp zu unterscheiden.

Fitis

Die kleinen Unterschiede

Meist ist es nur ein Mehr oder Weniger, wenn es um den Vergleich mit einem Zilpalp geht. Auf dem Foto sind einige der Merkmale zu erkennen, weil der Fitis sich hier ausnahmsweise einmal ganz offen zeigt. Die ❶ Unterseite ist mehr weiß bis gelblich weiß, der ❷ Schnabel zeigt mehr Gelb, der ❸ Überaugenstreif zieht bis hinter das Auge und das Gesicht wirkt unter dem Auge heller, die ❹ Flügelspitze ist länger als beim Zilpzalp, die ❺ Beine sind hornfarben bis hellbraun. Draußen muss man hoffen, dass der Vogel sich auch akustisch meldet. Die Jahreszeit hilft manchmal: Als Langstreckenzieher sind Fitisse in der Regel erst im April zu erwarten und Ende September/Anfang Oktober so gut wie alle bereits abgezogen. Ein sehr früher oder später Laubsänger ist also wahrscheinlich ein Zilpzalp.

Lebensraum und Bestandsprobleme

Fitisse brüten in halboffenen Flächen, die reich mit Büschen bestanden sind. Ein wichtiger Lebensraum sind Auwälder und Weidengebüsch in Feuchtgebieten. Auch in jungen Waldstadien und jungen Fichtenkulturen ist ihr Gesang zu hören. Je nach Baum- und Buschbestand leben sie auch in Friedhöfen oder Parks, folgen aber dem Zilpzalp kaum in Innenstädte und Wohnblockzonen und sind auch in Gärten meist nicht zu hören. Lange Zeit hat man sich um den kleinen Laubsänger keine Sorgen gemacht. Doch seit etwa 2 Jahrzehnten hat die Zahl der Brutpaare stark und stetig abgenommen. Änderungen in der Waldwirtschaft wie die Abkehr von Kahlschlägen, die sich wieder begrünen, und mit Büschen und Jungkulturen das für den Fitis wichtige Stadium erreichen, macht man dafür verantwortlich. Aber wahrscheinlich liegen auch viele Probleme entlang des langen Weges ins tropische Westafrika. Dem Zilpzalp als Kurzstreckenzieher geht es trotz merklicher Bestandsschwankungen deutlich besser.

Gelbspötter

Schwätzer im grünen Dickicht

Spotten bedeutet in der Sprache der Vogelbeobachter, dass ein Vogel Stimmen anderer Arten imitiert. Das kommt öfters vor und bedeutet für ausgefuchste Vogelstimmenkenner, immer auf der Hut sein zu müssen, um nicht eine falsche Vogelart zu notieren. Manche Spottgesänge, die aber nur den menschlichen Zuhörer necken, sind tatsächlich dem Original täuschend ähnlich (s. Star S. 44). Der Gelbspötter gibt sich mit seinem rasch vorgetragenen schwätzenden Gesang allerdings akustisch gut zu erkennen. Zwischen den rhythmischen und schneidend scharfen Passagen sind artfremde Vogellaute meist nur kurz eingeschaltet.

Die kleinen Unterschiede

Von Farben ist beim singenden Gelbspötter nicht viel zu sehen, die ❶ gelbe Unterseite aber im Schatten noch zu erkennen. Verlässliche Artkennzeichen ergeben sich aus dem Profil des Sängers, nämlich relativ ❷ kräftiger, überwiegend gelber Schnabel und großer Kopf mit leicht aufgestellten ❸ Scheitelfedern. Das ergibt ein anderes Bild als bei den zarteren Laubsängern (s. S. 112), das durch ❹ schlanke Gestalt und lange Flügelspitze noch vervollständigt wird. Entscheidend wie bei fast allen der unscheinbaren kleinen Insektenjäger ist die Stimme. Der schneidend kratzige Schwätzgesang ist typisch, ebenso wie die Rufe, bei Erregung Reihen von »tetetet« und ein kennzeichnendes »tetehui«, das so kein anderer Singvogel äußert.

Singender Gelbspötter

Konkurrenz aus dem Westen

Gelbspötter sind Langstreckenzieher, die in Afrika südlich der Sahara überwintern. Deutsche Ringvögel sind zwar noch nicht dort nachgewiesen, aber Brutvögel aus dem nahe gelegenen Ausland. Beringungen haben aber gezeigt, dass die Vögel über Italien und damit auf dem Weg über die Alpen Afrika erreichen.

In Deutschland nehmen die Brutbestände bedenklich ab. Das entspricht dem allgemeinen Bild der bedrohlichen Situation von Langstreckenziehern. Hinzu kommt, dass Vögel in Auwäldern und buschreichem Land immer mehr an Lebensraum verlieren. Der Gelbspötter aber sieht sich im Westen Deutschlands auch einem Konkurrenten ausgesetzt. Der nahe Verwandte und sehr ähnliche **Orpheusspötter** hat vom Mittelmeer aus sein Areal nach Nordosten erweitert und als Brutvogel seit 1983 Deutschland erreicht. Im Ausbreitungsbereich des Orpheusspötters weicht der Gelbspötter zurück. Das hängt offensichtlich mit den Auseinandersetzungen zwischen den beiden Arten um die Besetzung geeigneter Brutgebiete zusammen. Auch könnten Klimaänderungen für die Zukunft eine Rolle spielen.

Mönchsgrasmücke

Flötentöne aus vielen Gärten

Als eine große Ausnahme unter den kleine Insekten verzehrenden Kleinvögeln, die in der Regel Zugvögel sind, hat es die Mönchsgrasmücke geschafft, über das letzte Jahrzehnt hinweg ihren Bestand in Deutschland und in einigen anderen Ländern Europas zu vergrößern. So kann man im Frühjahr aus vielen Gärten ihren laut flötenden Gesang vernehmen, der auch Menschen, die normalerweise kein Ohr für die Stimmen der Natur haben, angenehm auffällt. Von März bis Oktober sind die kleinen Vögel bei uns, einzelne werden in zunehmender Häufigkeit auch im Winter beobachtet.

Mönchsgrasmücke, Männchen

Inseln im mittleren Mittelmeer, und einige aus Ostdeutschland wandern wie ihre Artgenossen weiter im Osten nach Südosten ab. Die Winterfunde zur Brutzeit in Deutschland markierter Mönchsgrasmücken reichen daher von Senegal, Portugal und Südengland nach Osten bis Zypern und in den Libanon.

Weibchen

Die kleinen Unterschiede

Grasmücken, deren Namen nichts mit Gras, sondern mit Grau zu tun hat, sind etwas ❶ massiger und größer als Laubsänger und Spötter. Männchen und Weibchen der Mönchsgrasmücke sind an der ❷ schwarzen und ❸ braunen Kopfplatte leicht zu unterscheiden. Im Unterschied zur Sumpfmeise (s. S. 63) sitzt die Kappe nur oben auf und reicht lediglich bis zum Oberrand des Auges. Auch die Vögel im Jugendkleid tragen eine braune Kappe, Männchen und Weibchen kann man bei ihnen im Herbst erst nach der Mauser ins erste Alterskleid unterscheiden.

Komplexe Zugwege

Heimische Mönchsgrasmücken sind hauptsächlich Kurzstreckenzieher. Brutvögel aus Nordwestdeutschland ziehen im Allgemeinen nach Südwesten ab und erreichen Spanien. Südwestdeutsche und ostdeutsche Brutvögel folgen dieser Route aber nur zum Teil, andere ziehen nach Westen und Nordwesten und erreichen die Britischen Inseln. Damit haben Mönchsgrasmücken Forschungsgeschichte geschrieben, denn dieser Zugweg wurde erst neuerdings entdeckt. Einige deutsche Mönchsgrasmücken ziehen auch nach Süden und erreichen Italien und die

Feldlerche

Ein Opfer der Agrarwirtschaft

Feldlerchen und Bauernland gehörten lange Zeit zusammen. Doch mittlerweile ist es stumm geworden über intensiv beackerten Feldern und Wiesen. Die Intensivierung der landwirtschaftlichen Bodennutzung hat den Boden, auf dem die Lerchen ihre Nester anlegen und ihre Nahrung suchen, so verändert, dass der geringe Bruterfolg die Verluste längst nicht mehr ausgleichen kann. Somit gehört einer der einst häufigsten Vögel des offenen Landes heute zu den Sorgenkindern des Artenschutzes. Feldlerchen überwintern von Westeuropa bis Nordafrika, sind aber auch den Winter über da und dort in Mitteleuropa anzutreffen.

Unscheinbarer Bodenvogel

Lerchen sind Bodenvögel des weithin offenen Landes. Sie fehlen, wenn senkrechte Strukturen den Blick einengen und die Weite der Ebene begrenzen. Nur auf dem Durchzug oder wenn sie vor Schnee und Sturm Schutz suchen, halten sie sich an stärker strukturierte Stellen. Eine Anpassung an spärlich bewachsene, offene und weithin ebene Flächen bedeutet unauffällig zu sein. Wenn der graubraune, oberseits dunkel gestrichelte Vogel auf der kahlen Erde sitzt, ist er gut getarnt und auch leicht zu übersehen, als Feldlerche aber an einigen Merkmalen gut zu bestimmen. Da ist einmal der ❶ schlanke Schnabel und der durch eine kleine ❷ angedeutete Haube, die sich bei Erregung etwas aufstellt, eckig wirkende Kopf. Die ❸ erdbraune, gemusterte Oberseite und weißliche Unterseite, von der eine ❹ gestrichelte Brust deutlich abgesetzt ist, vervollständigen das Bild.

Im Abflug machen relativ breite und lange, spitz zulaufende Flügel sowie der gefächerte Schwanz den Vogel überraschend groß. Zwei weitere Merkmale werden sichtbar: der nicht scharf begrenzte, aber trotzdem auch aus größerer Entfernung gut erkennbare ❺ helle Flügelhinterrand und die beiden deutlich ab-

Feldlerche, Männchen mit leicht aufgestellter Haube

gesetzten ❻ weißen Außenkanten des Schwanzes. Wenn sie sich gestört fühlen, ducken sich Feldlerchen im Vertrauen auf ihre Tarnfärbung, um dann plötzlich in die Luft zu schießen. Man sollte sie dabei im Auge behalten, denn meist landen sie kurz darauf wieder und lassen beim Abbremsen typische Artmerkmale erkennen.

Feldlerche im Landeflug

Feldlerche steigt zum Singflug auf.

Artistik beim Fluggesang

Selten singen Feldlerchen am Boden oder von einer niedrigen Singwarte aus. In den meisten Fällen fehlt eine höhere Singwarte, und vom Boden aus ist der Gesang nicht so weit zu hören. Feldlerchen erhöhen die Reichweite ihrer Stimme, indem sie im Flug singen. In guten Lerchengebieten, die es in Mitteleuropa schon fast nicht mehr gibt, hängt im Frühling der Himmel nicht voller Geigen, sondern voller Lerchen. Gesang im Fliegen bedeutet Energieverbrauch für Singen und Fliegen zur gleichen Zeit. Die Stimme versagt den Lerchen aber nicht so schnell, man hat schon Singflüge bis zu einer halben Stunde notiert.

Sangeswetter sollte etwas Wind bringen, aber nicht zu viel. Vom Boden startet das Männchen gegen den Wind und gewinnt mit raschen, flachen Flügelschlägen einige Meter senkrecht an Höhe. Den ❶ hellen Flügelhinterrand und die ❷ weißen Schwanzkanten sieht man gut gegen den Himmel. Dann erst wird der Gesang mit einigen kurzen Lauten eingeleitet und der Sänger

schraubt sich in einer immer enger werdenden Schraubenlinie in eine Höhe von über 50 Meter über dem Boden. Singflughöhen von über 400 Meter hat man schon ermittelt. Oben angekommen steht das singende Männchen in der Luft bei leichtem Gegenwind oder Windstille. Die Flügel werden rasch bewegt, ab und zu in kurzen Gleitphasen still gehalten, der Schwanz ist breit gefächert. Auf der obersten Höhe wird dann ausgiebig gesungen, bis der Sänger mit ausgebreiteten Flügeln wie an einem Fallschirm in

mehreren Etappen wieder herunterkommt. Das allerletzte Stück legt er meist mit angelegten Flügeln im Sturzflug zurück; kurz vor dem Boden fängt sich der Vogel ab. Oft geht es dann gleich zum nächsten Singflug. Ist der Wind stärker, sind Singflüge kürzer und auch weniger hoch. Die Sänger stellen sich gegen den Wind und lassen sich auch etwas abtreiben. Man hat herausgefunden, dass während des Ausatmens gesungen wird und die Gesangsstücke mit dem Atemzyklus oft synchron laufen. Der technische Aufwand ist also beachtlich und verlangt einem Revierbesitzer viel ab.

Männchen singen auch am Boden, dann meist deutlich kürzer und leiser, aber auch melodiöser als im Flug. Fluggesang ist schon von milden Spätwintertagen im Februar an bis in den Sommer hinein zu hören.

Feldlerchen, Kampf um Reviergrenze

Am Brutplatz

Den Nestplatz wählt das Weibchen auf dem Boden. Das klingt einfach, doch wenn die Brut erfolgreich sein soll, müssen einige Bedingungen erfüllt sein. Der Boden sollte nicht zu dicht mit Vegetation bestanden sein, am besten ist eine Bedeckung von weniger als 50 Prozent. Die Höhe der das Nest umgebenden Pflanzen mit etwa 20 Zentimetern gibt ausreichend Deckung. Höhe und Dichte der Pflanzen müssen in einem ausgeglichenen Verhältnis stehen, damit einerseits die Lerchen ohne Schwierigkeiten zu ihrem Nest kommen können, andererseits aber der Brutplatz für Beutefeinde auch nicht auf dem Präsentierteller liegt. Das Nest selbst ist eine ausgescharrte Bodenmulde, die mit feinem Pflanzenmaterial ausgekleidet wird. Das Weibchen baut das Nest und brütet auch allein. Das Männchen füttert das brütende Weibchen nicht, wie das bei vielen anderen Singvögeln üblich ist. Wahrscheinlich ist das Männchen mit der Reviermarkierung durch die aufwendigen Singflüge voll ausgelastet. Die Jungen werden aber dann von beiden Elternteilen gefüttert. Sie hüpfen nach rund 10 Tagen Aufenthalt im Nest hinter den Altvögeln am Boden her und sind etwa 5–7 Tage nachdem sie das Nestverlassen haben voll flugfähig.

Lerchenfenster

Die Idee, den Bruterfolg von Feldlerchen zu verbessern, stammt aus England. Bei der Aussaat von Raps und Wintergetreide werden hierfür kleine Stücke der Ackerfläche ausgelassen. Hier im Bild hat ein fränkischer Landwirt den Lerchen zuliebe zwei ❶ lange Streifen ausgespart. Ein Nachteil dieser Form

Acker mit ausgesparten Lerchenstreifen

der Aussparung könnte aber sein, dass Fuchs und streunende Hauskatzen leichter zum Lerchennest kommen. Meist lässt man daher rechteckige Fenster von etwa 20 Quadratmeter mitten im Feld unbestellt. In den schnell wachsenden und dicht stehenden Pflanzen ist sonst der An- und Abflug der Lerchen zum Nest behindert. Oft fallen dann zweite Jahresbruten, deren Erfolg für den Bestand einer Population wichtig ist, wegen der hohen und dicht stehenden Ackerpflanzen ganz aus. Wenn die Lerchen auf den Fenstern ihre Nester anlegen, sind diese Probleme beseitigt. Zudem ist den Lerchen auch Nahrungssuche auf den offenen Flächen möglich, die im rasch hochwachsenden Pflanzendickicht zwangsläufig ausfällt. Auch andere Bodenbrüter können von derarti-

gen Maßnahmen profitieren, die den Ertrag pro Hektar nur um Bruchteile senken. Inzwischen haben Landwirte und Vogelschutzverbände Vereinbarungen getroffen, Lerchenfenster anzulegen und Ernteausfälle finanziell auszugleichen.

Nahrung

Im Sommerhalbjahr ernähren sich Feldlerchen von Kleintieren, Insekten, Spinnen und Regenwürmern. Die Nestlinge werden vor allem mit Insekten gefüttert. Im Winterhalbjahr bilden Getreidekörner, Samen von vielen Wildkräutern und auch keimende Pflanzen die Grundnahrung. Feldlerchen kommen auf Brachflächen auch an den Rand von Siedlungen oder Industrieanlagen und an der Küste suchen sie den Spülsaum auf.

Rauchschwalbe

Landbewohner mit Problemen

Rauchschwalben kommen schon ab Mitte März aus Afrika zurück. Beim Wegzug kann man die letzten Nachzügler oft noch Anfang November entdecken. Unterschiedliche Ursachen sind für die anhaltende Abnahme eines Wanderers zwischen mehreren Klimazonen verantwortlich. Bei uns im Brutgebiet ist es der Wandel der Agrarlandschaft, der mit einem dramatischen Rückgang an Insekten durch Biozideinsatz großen Stils verbunden ist, Ersatz der Weidewirtschaft durch fabrikähnliche Stallhaltung unter Verschluss sowie Verstädterung ländlicher Siedlungen. Damit sind Jagdgründe und Brutmöglichkeiten verschwunden.

Rauchschwalbe bringt Futter zum Nest.

Rauchschwalben haben als Altvögel einen ❶ langen Gabelschwanz, nach außen sich stark ❷ verschlankende Flügel und eine ❸ dunkle Kehle – eindeutige Kennzeichen zur Bestimmung. Wie Mehl- und Uferschwalben sind sie reine Luftjäger und jagen vor allem nach ❹ Insekten. Wenn man nicht in einem Schwalbendorf mit Brutplätzen lebt, wird man sie also hauptsächlich in der Luft sehen. In diesem Fall gibt es noch einen Tipp für rasche Identifikation: Rauchschwalben schlagen bei ihren rasanten und schnellen Flügen weniger oft mit den Flügeln als Mehlschwalben. Sie schießen häufiger wie Pfeile durch die Luft und überraschen mit plötzlichen Richtungsänderungen, die den Mehlschwalben nicht so liegen.

Die Schwanzspieße sind bei Männchen länger als bei Weibchen. Und Männchen mit den längsten und symmetrischsten Schwanzspießen haben die besten Chancen bei den Weibchen. Sie beginnen früher mit der Brut und haben öfter als andere, die sie ausgestochen haben, eine Zweitbrut, also insgesamt bessere Fortpflanzungschancen. Der Schmuck fördert somit den Wettbewerb.

Die kleinen Unterschiede

In Mitteleuropa gibt es 3 Schwalbenarten, die weit verbreitet sind. 2 von ihnen brüten an oder in Häusern. Aussehen und Lebensgewohnheiten dieser Hausbewohner sind zwar in vieler Hinsicht verschieden, doch werden Rauch- und Mehlschwalbe immer wieder unter einem Begriff zusammengefasst und kaum unterschieden. Weil die Bestände beider Arten seit Langem stark abnehmen, müssen sie auch eingehend vorgestellt werden, damit man sie nicht pauschal in einen Topf wirft.

Luftjäger

Schwalben leben fast ausschließlich von der Luft, genauer von dem, was sich in der Luft bewegt. Das sind in erster Linie Fliegen und Mücken. Dazu kommen Nahrungsquellen, die zu bestimmten Zeiten an bestimmten Orten anfallen, etwa schwärmende Ameisen. Insekten unterschiedlicher Gruppen tummeln sich in der Luft und werden Schwalbenbeute, ob Käfer, Zikaden oder Blattflöhe. In Afrika bestreiten Moskitos und Termiten einen wichtigen Teil der Nahrung. Auch Gliederfüßer, die nicht fliegen können, sind vor Rauchschwalben nicht sicher. Wasserläufer oder kleine Wasserkäfer werden wohl geschnappt, wenn Rauchschwalben im Flug trinken. Sie fliegen nah zur Wasseroberfläche herunter und schöpfen im Vorbeifliegen mit geöffnetem Schnabel Wasser. Luftjäger haben zwar einen kleinen Schnabel, aber einen breiten Schnabelspalt, der sich zu einem großen Fangtrichter öffnen kann, in den auch Spinnen geraten, wenn sie an Fäden in der Luft hängen. Die Jagd muss natürlich dem Wetter und Insektenangebot angepasst werden. Bei regnerischem Wetter, Wind oder niedrigen Temperaturen jagen Rauchschwalben an geschützten Stellen, an Waldrändern, entlang von Hecken, vor allem aber am und über dem Wasser. Sie versuchen dann auch im Flattern an Mauern und Wänden Insekten abzulesen. Bei bodennaher Jagd über Wiesen erwischen sie manche springende Heuschrecke oder lesen Insekten von höheren Wiesenblumen ab. Die Entfernungen ergiebiger Jagdgründe von den Nestern mit hungrigen Jungen können unter ungünstigen Bedingungen mehrere Kilometer betra-

gen. Andererseits sind jagende Rauchschwalben rasch zur Stelle, wenn durch Vieh, Menschen oder Verkehr Insekten in größeren Mengen aufgescheucht werden. Wenn sich die viel Energie verzehrende Flugjagd lohnen soll, ist flexible Reaktion auf gutes, aber vielleicht nur kurzfristiges Angebot überlebenswichtig.

Schwalben am Boden

Rauchschwalben kommen nur ausnahmsweise oder unter besonderen Voraussetzungen auf den flachen Boden herunter. Mit ihren kurzen ❷ Beinen können sie flink trippeln. Auf dem Bild lässt sich gut erkennen, dass ❸ Stirn und Kehle von Rauchschwalben rostbraun sind. Schwalben müssen auf den Boden, wenn ein neues Nest ge-

baut oder ein altes ausgebessert werden soll. An flachen Pfützen holen sie sich kleine nasse ❶ Erdklümpchen, die zu einer Nestschale zusammengefügt werden. Ist eine Pfütze oder eine Stelle mit nasser Erde entdeckt, wird sie von den Nestbauern der Umgebung gezielt genutzt; das Gedränge kann für einige Tage groß werden. Man hat errechnet, dass für ein Nest rund 1000 Klümpchen benötigt werden und die Zubringerflüge in der Summe über 200 Kilometer ausmachen können. Das Schwalbenproblem beginnt aber schon an den Pfützen. Sie verschwinden mit zunehmender Bodenversiegelung. Vogelschützer können daher Schwalben durch Anlegen von »Materialentnahmestellen« durchaus wirksam helfen.

Rauchschwalbe sammelt Erdklümpchen für den Nestbau.

Am Brutplatz

Meist kommen Männchen der Rauchschwalben im Frühjahr vor den Weibchen am Brutplatz an. Daher treffen sie auch in der Regel die Wahl des Neststandorts. Da gute Nistplätze nicht in beliebiger Zahl zur Verfügung stehen und auch der Nestbau arbeitsaufwendig ist, werden alte Nester aus dem Vorjahr oft wieder benutzt. Rauchschwalben brüten wenn irgend möglich im Inneren von Gebäuden. Dauernd zugänglich sind solche Räume in Viehställen und anderen traditionellen landwirtschaftlichen Gebäuden, Bootshäusern, verlassenen Bauten und Ruinen, Vordächern oder in Gebäuden, in denen man den Schwalben einen kleinen Einflug gewährt, etwa in Gartenlauben, Schuppen oder anderen Nebengebäuden eines Anwesens.
Ein stabiles Nest steht am sichersten auf einer ❶ Unterlage. An die Wand geklebte Nester halten nicht immer eine Brutzeit mit 2 Bruten hintereinander aus. Bei glatten Wänden kann man mit Nistbrettchen in Deckennähe den Schwalben bei der Nistplatzwahl helfen. Die Grundsubstanz des Nestnapfes sind getrocknete Erdklümpchen. Speichel als Klebemittel hält sie zusammen. Zur Verstärkung werden ❷ Grashalme eingewoben, die aus der Lehmmauer heraushängen und dem Nest ein etwas schludriges Aussehen geben. Die Innenmulde ist aber schön geglättet und mit feinem Pflanzenmaterial, Federn oder Haaren ausgekleidet. Um die 10 Tage benötigt der Bau, bei ungünstiger Witterung kann es länger dauern. Aus Mangel an Material wird auch mancher Bau abgebrochen oder seine Mauer so dünn, dass sie eine Brut nicht aus-

Rauchschwalbennest mit fast flüggen Jungen

hält. Kunstnester nehmen Rauchschwalben an, basteln aber meist noch ein wenig daran herum. Auch Nester anderer Vögel werden gelegentlich umgebaut.
Etwa 2 Wochen brütet das Weibchen die Eier aus. Es wird vom Männchen nicht gefüttert und muss daher immer wieder auf die Jagd fliegen. Das Männchen bleibt aber immer in Nestnähe. Wenn die Jungen noch sehr klein sind, bleibt das Weibchen bei ihnen und nimmt sie ins Bauchgefieder, um sie zu wärmen. Das Männchen füttert die ganze Familie. Insekten werden als kleine Futterballen eingetragen. Nesthygiene betreiben die fütternden Altvögel am Anfang, indem sie den Kot der Jungen verschlucken (s. S. 60). Später setzen ihn die Jungen über den ❸ Nestrand ab.

Die Jungen im Nest sind bereits voll ❹ befiedert und werden das Nest in Kürze verlassen. Es ist für sie auch schon fast zu klein geworden. In diesem Stadium setzen sich die Altvögel auch nicht mehr an den Nestrand, um die Jungen zu füttern, sondern stopfen die Futterpakete aus dem Flug in die weit aufgerissenen ❺ Sperrrachen. Nicht selten flattern sie dann auch ohne Futter vor dem Nest, um die Jungen herauszulocken. Zunächst fliegen die Jungen ungelenk auf Sitzwarten, auf denen sie von den Eltern aus dem Flug heraus noch mehrere Tage gefüttert werden. Erst dann folgen die Jungen zur Insektenjagd; nach etwa 2 Wochen können sie sich selbst versorgen.

Zeitpläne mit Problemen

Rauchschwalben überwintern in den Tropen Afrikas. Ihr Aufenthalt im Brutgebiet Mitteleuropas von Ende März bis Oktober ist länger als bei anderen Zugvögeln, die etwa die gleiche Strecke zurückzulegen haben. Die meisten Langstreckenzieher ziehen bereits im September ab und kommen erst im April wieder zurück. In der langen Zeit im Brutgebiet können Rauchschwalben relativ mehr Zweitbruten unterbringen als andere Insektenjäger und Langstreckenzieher.

Man hat auch herausgefunden, dass sich die **Brutzeit** der Rauchschwalben verändert hat. Entsprechend des großräumigen Klimas, das für Europa von der Nordatlantischen Oszillation bestimmt wird, fingen Brutpaare im Osten Deutschlands im Lauf der Jahre zunehmend früher zu brüten an. Eine Anpassung an den Klimawandel? Aber gleichzeitig ging der Bruterfolg zurück. Also doch keine Anpassung? Die Erklärung für das beschriebene Phänomen zeigt, wie vorsichtig man mit raschen Urteilen sein muss. Der Beginn des

Junge Rauchschwalbe

Brutgeschäfts war in diesem Fall durch großräumige Dynamik des Klimas bestimmt, der Bruterfolg aber durch das örtliche Wetter. Die beiden atmosphärischen Vorgänge unterschiedlichen Maßstabs, von denen der eine den Brutbeginn, der andere den Bruterfolg beeinflusst, stimmen jedoch nicht zwangsläufig überein. Mit dieser Diskrepanz haben sich viele Vögel im Zeitalter des Klimawandels auseinanderzusetzen.

Vor dem Abzug

Flügge junge Rauchschwalben sind leicht zu erkennen, auch wenn man den gelben Schnabelwinkel nicht mehr sieht. Ihre **2** Schwanzspieße sind deutlich kürzer als die der Altvögel, die **1** Kehlfärbung heller. Schon ab Mitte Juli sammeln sich vor allem junge Rauchschwalben an gemeinsamen Schlafplätzen, die seit jeher vor allem im Schilf, heute auch manchmal in Maisfeldern liegen. Das Übernachten von Rauchschwalben im Schilf und manche toten Vögel, die man dann im Wasser fand, haben wohl zu der bis in die Neuzeit verbreiteten Sage geführt, Rauchschwalben würden den Winter am Grund von Seen verbringen und im Frühjahr wieder daraus emporkommen. Schon Wochen vor dem Abzug sammeln sie sich tagsüber in großen Trupps vor allem auf Leitungsdrähten. Man kann dann bei einiger Übung den Anteil von **3** Alt- und **4** Jungvögeln schätzen, wenn man auf die Länge der Schwanzspieße oder die Intensität der Kehlfärbung achtet.

Alte und junge Rauchschwalben

Mehlschwalbe

Luftjäger mit weißer Weste

Der heute übliche Name bezieht sich wohl auf die weiße Unterseite, ältere deutsche Bezeichnungen sind Dorf- oder Hausschwalbe. Die Winterquartiere des Langstreckenziehers liegen in Afrika südlich der Sahara. Meist kommen Mehlschwalben im Frühjahr etwas später als Rauchschwalben ins mitteleuropäische Brutgebiet zurück und ziehen auch im Herbst etwas früher ab. Die Bestände nehmen in manchen Gebieten noch stärker ab als bei der Rauchschwalbe. Die Gründe dafür liegen in zunehmend schlechteren Lebensbedingungen bei uns, aber auch in Durchzugs- und Überwinterungsgebieten.

Mehlschwalben am Brutplatz

Umgebung fast panikartig davon. Solche Alarmrufe äußern auch Rauchschwalben und Uferschwalben ganz ähnlich. Man kann sie leicht miteinander verwechseln. Möglicherweise ist das durchaus im Sinn einer wirksamen Warnung vor Feinden, dass sie über Artgrenzen, also gewissermaßen auch über Sprachgrenzen hinaus, verstanden wird. Singvogelalarm betrifft alle kleineren Vögel, wenn ein Beutefeind auf der Jagd ist (s. S. 146).

Mehlschwalben finden ihre Nahrung auch fast ausschließlich in der Luft. Sie fliegen aber nicht so pfeilschnell in Zickzackkursen dahin wie Rauchschwalben. Unterschiede in Flugweise und Jagdtechnik kann man durchaus beobachten. Mehlschwalben flattern mehr, auch vor Bäumen und Mauern, vor denen sie vor allem bei ungünstigem Wetter Insekten fangen. Sie können im Flatterflug auch Insekten von Pflanzen ablesen. Im freien Luftraum schalten sie häufiger Gleitstrecken ein und halten damit ihre Energiekosten niedrig. Trotzdem glaubt man herausgefunden zu haben, dass die Insektenjagd von Mehlschwalben weniger effizient ist als die der Rauchschwalben und sie daher unter schlechtem Wetter oder unter der Abnahme der Insekten stärker zu leiden haben.

Schwalben vor dem Fenster

Schwalben, die vor dem Fenster ihre ❹ Nester bauen, sind in der Regel Mehlschwalben. Man kann sie auch im raschen Flug leicht erkennen, weil der ❶ weiße Bürzel sich fast wie ein Rücklicht von der einheitlich dunklen Oberseite abhebt. Der Schwanz ist ❷ deutlich gegabelt, trägt aber keine verlän-

gerten Schwanzspieße (s. S. 118). Die ❸ Flügel wirken etwas breiter, kürzer und weniger spitz als bei Rauchschwalben. Auch mit ihren kurzen harten Flugrufen »prrt« geben sich Mehlschwalben gut zu erkennen. Hört man ein schrilles »zier«, dann ist Gefahr im Verzug, und meist fliegen dann alle Vögel von den Nestern der nächsten

Schwierige Brutplatzwahl

Die Nester unserer heimischen Singvögel sind meistens nur für eine einmalige Benutzung oder eine Brutsaison mit 2 Bruten gebaut. Mehlschwalben zählen zu den wenigen, die für mehrere Jahre bauen oder im neuen Jahr auf alte Bausubstanz zurückgreifen, um sich auf Reparaturen beschränken zu können. Die Standortwahl durch beide Partner eines Paares, das sich am zukünftigen Nestplatz gefunden hat, ist vielseitiger als bei der Rauchschwalbe, orientiert sich aber an Erfahrungen. Auch wenn ein Neubau ansteht, werden frühere Nestplätze bevorzugt, vor allem, wenn noch Reste von Nestern aus den Vorjahren zu erkennen sind.

Ortstreue ist auch deshalb zweckmäßig, weil für einen sicheren Nestplatz mehrere Bedingungen erfüllt sein sollten, die nur an wenigen Stellen optimal zusammenkommen. Mehlschwalbennester kleben an harten senkrechten Wänden, deren Oberfläche nicht zu glatt sein darf. Wenn möglich, sollte der Standort überdacht oder wenigstens vor Regen und tropfendem Wasser geschützt sein. Freier Anflug zu den Nestern muss aber auf alle Fälle möglich sein und zu dicht am Boden sollte das Nest auch nicht stehen. Wenn eine Überdachung senkrecht von der tragenden Wand absteht, genügt der Bau einer Viertelkugel, die nach oben an das Dach anstößt. Andernfalls ist eine Halbkugel mit seitlichem Eingang gefordert, die den Innenraum des Nestes nach oben zur Wand abschließt. In überdachten Ecken mit 2 Seitenwänden reicht auch eine Achtelkugel. Natürliche Neststandorte sind Felswände oder Höhlen. In Mitteleuropa haben sich Außenwände von Gebäuden mit vorspringenden Dächern oder anderen Vorsprüngen als ideale Angebote erwiesen. Moderne Bauten mit glatten Fassaden, bündigen Dachtraufen oder Flachdächern bieten Mehlschwalben allerdings keinen Platz mehr. Außerdem sind Ansiedlungen von Mehlschwalben häufig nicht erwünscht. Nester werden heruntergeschlagen oder Ansiedlungen mit allerlei Techniken von Vogelspikes bis Maschendraht verhindert. Die Anforderungen der Mehlschwalben an einen guten Brutplatz führen zu Konzentrationen an günstigen Stellen. Die Vögel setzen auf Geselligkeit und bilden wo möglich Brutkolonien mit Nestern dicht an dicht. Das kann für Ärger der Hausbewohner sorgen, die Schmutz vor ihrem Haus fürchten. Die Neigung der Mehlschwalben, alten Nestern die Treue zu halten, macht es auch nicht ganz einfach, ihnen mit Kunstnestern zu helfen. Es kann nämlich lange dauern, bis sie angenommen werden.

Schwalbenpfützen

Der Baustoff für Nester sind Ton, Lehm, Schlamm oder feuchte Erde. ❶ Pfützen, Wagenspuren im nassen Boden, Baugruben und Abgrabungen, aber auch flache Ufer liefern das Material und werden von bauenden Mehlschwalben eifrig aufgesucht. Man kann ihnen mit Schwalbenpfützen helfen und dabei die Besucher auch gut beobachten.

❷ Scheitel und Rücken glänzen blauschwarz. Die ganze Unterseite ist einheitlich ❸ weiß und nur beim Schlammsammeln ist eine Besonderheit zu sehen, nämlich die dicht weiß ❹ befiederten Füße.

Mehlschwalbe sammelt Material für den Nestbau.

Am Brutplatz

Ein aufmerksamer Blick auf das Mehlschwalbennest lässt erkennen, dass es schon eine Geschichte hinter sich hat. Während der Brut- oder Nestlingszeit ist der ❶ Rand des Einflugschlitzes stark beansprucht und ganz augenscheinlich frisch repariert worden. Nestschäden während einer Brut werden meist sofort ausgebessert. Weiter unten am Nest zeigt ein Farbhorizont, dass entweder vor Beginn der Brutzeit oder auch schon im Jahr davor ein ❷ Stockwerk auf einen älteren ❸ Grundstock aufgesetzt wurde. Mehrfarbige Mehlschwalbennester, die auf eine wechselvolle Baugeschichte schließen lassen, gibt es immer wieder, entweder weil nur wenig geeignetes Material beim Bau zur Verfügung stand, ein Defekt am Nest während der Brüte- und Nestlingszeit eintrat oder äußere Umstände wie Unwetter Schaden verursachten. Ein neues Nest wird im Mittel in etwa 10 Tagen fertig. Der Bau kann bei Trockenheit aber auch wesentlich länger dauern. Der Bedarf ist groß, für ein Nest sind über 600 bis fast 1500 Lehmklümpchen nötig. Die Nestwand ist an der Basis 4, weiter oben nur noch 2 Klümpchen stark. Im Unterschied zur Rauchschwalbe werden keine Halme eingebaut, die Wand ist reine Mörtelarbeit. Die Nestmulde wird mit Moos, kleinen Wurzeln, Halmen und Federn ausgepolstert. Interessenten für Mehlschwalbennester sind vor allem Haussperlinge (s. S. 17), die von Mehlschwalben auch heftig vertrieben werden, wenn sie sich in eine Kolonie hineindrängen.

Die ❹ Jungen sind fast flügge und drängen aus dem Nest. Vorausgegangen sind rund 2 Wochen

Junge Mehlschwalben kurz vor dem Ausfliegen

Bebrütung des Geleges von 3–5 Eiern. Beide Partner beteiligen sich daran, das Weibchen brütet aber mehr als das Männchen. Die frisch geschlüpften Jungen müssen noch einige Tage von den Altvögeln gewärmt werden. Das Futter wird ihnen in kleinen Paketen, die mit Speichel durchmischt sind, in den Rachen gestopft. Später, wenn die Jungen ihre Köpfe aus dem Nesteingang strecken, finden Schnellfütterungen aus einem Flatterflug statt, bei denen sich die Altvögel nicht mehr ans Nest setzen. Je nach Witterung dauert die Nestlingszeit unterschiedlich lang. Wenn es gut läuft, verlassen die Jungen schon nach etwas über 20 Tagen das Nest, unter schlechten Ernährungsbedingungen bei Regenperioden und niedriger

Lufttemperatur kann es auch 10 Tage länger dauern.

Die ersten Tage draußen sind für die Jungen etwas aufregend. Sie werden einzeln von einem Altvogel aus dem Nest gelockt, folgen ihm in Meternähe zu einem Sitzplatz, von dem aus sie wieder zum Nest zurückgelockt werden. Die ersten Ausflüge führen nicht weit. Offenbar müssen die jungen Schwalben erst die Umgebung näher kennenlernen. Sie bleiben, auch nachdem sie selbständig geworden sind, noch einen Monat oder mehr in der Kolonie oder in ihrer Nähe. In dieser Zeit wird, so nimmt man an, auch der Grundstock für die hohe Ortstreue gelegt, die den Mehlschwalben hilft, jedes Jahr an gute Nestplätze zu kommen und Erfahrungen zu verwerten.

Aufbruchsstimmung

Der Aufwand beim Nestbau lohnt sich letztlich auch deshalb, weil während der Brutzeit die Altvögel meistens im Nest übernachten. Wenn das Gedränge mit den heranwachsenden Jungen zu groß wird und auch noch fremde Vögel sich zum Übernachten einfinden, müssen leere Nester herhalten, von denen es in großen Kolonien immer einige gibt. Gegen Ende der jährlichen Brutperiode wird die Zahl der in Nestern übernachtenden Vögel immer kleiner. Aber fast regelmäßig finden irgendwo noch einige Spätbruten bis in den September hinein statt, wahrscheinlich eine Folge von Ausfällen in früheren Brutversuchen im Jahr. Spät schlüpfende und ausfliegende Jungvögel haben geringere Überlebenschancen als solche aus früheren Bruten. Die allerletzten Bruten im Jahr werden die Zeit bis zu ihrer ersten eigenen Brut nicht überleben. Die Zeit, sich ins Leben einzufinden, um alle Probleme zu meistern, ist zu kurz.

Nach der Brutzeit sammeln sich Mehlschwalben am Abend und steigen hoch in die Luft, um an gemeinsamen Übernachtungsplätzen in bestimmten Bäumen im Wald einzufallen. Übernachtungsplätze im Schilf, wie bei der Rauchschwalbe üblich, sind für Mehlschwalben Ausnahmen. Ziehende Mehlschwalben übernachten ebenfalls in Bäumen, in Maisfeldern, auf Überlandleitungen, aber auch auf Fensterbrettern oder in Höhlungen verschiedener Art. Bei enormen Kälteeinbrüchen ballen sich Mehlschwalben auch tagsüber zu dichten Trauben an geschützten Stellen zusammen, um Energieverluste möglichst gering zu halten. Bei lang anhaltenden Kälte- und Nässeperioden kann es dann noch vor dem Abzug ins Winterquartier zu katastrophalem Massensterben kommen, das wie im Herbst 1974 als »Schwalbenkatastrophe« über Wochen die Medien beschäftigte und Fluggesellschaften zu Transporten halbtoter Vögel in den Süden veranlasste.

Vor dem Abzug sitzen an wolkenlosen oder höchstens schwach windigen Tagen Mehlschwalben zusammen mit Rauchschwalben zu Hunderten auf Leitungsdrähten oder nehmen an hohen Gebäuden ein kollektives Sonnenbad. An den wie Perlen einer Kette auf Leitungen aufgereihten Schwalben kann man sich vor den schwalbenlosen Spätherbst- und Wintermonaten noch einmal in der Bestimmung von Schwalben üben, denn nicht nur zwei oder mit der Uferschwalbe drei Arten können gemischt nebeneinander sitzen. Auch Jung- und Altvögel einer Art nebeneinander beleben das Bild. Auf dem Ausschnitt einer Schwalbengruppe auf Leitungsdrähten sind ❶ fünf Rauchwalben und ❷ vier Mehlschwalben zu erkennen. Ein ❸ Vogel ist nicht sicher zuzuordnen, ist aber vermutlich eine Mehlschwalbe, die beim Gefiederputzen gerade den Kopf gedreht hat. In Deutschland brütende Mehlschwalben ziehen in der Mehrzahl nach Südwesten ab, einige aber auch nach Südosten. Die Alpen werden also großenteils umgangen, wahrscheinlich aber auch in größerer Zahl überflogen. Die Ringfunde lassen hier noch manche Fragen offen. Aber je eine beringte Mehlschwalbe war zur Zeit des Herbstzuges bereits in Kamerun und eine im Kongo. Es kann also sehr schnell gehen.

Rauch- und Mehlschwalben vor dem Abzug

RAUCH-SCHWALBE

MEHL-SCHWALBE

Uferschwalbe

Die unscheinbare Braune

Unter den drei verbreiteten heimischen Schwalbenarten ist die Uferschwalbe die kleinste und am wenigsten bekannte. Sie brütet nicht an Häusern, sondern in selbstgegrabenen Höhlen an Steilwänden im weichen Bodenmaterial. Ihre Jagdgebiete liegen über Wiesen und Feldern. Bei schlechtem Wetter konzentrieren sich Uferschwalben vor allem an und über Still- und Fließgewässern. Im rasanten Flug schlagen die Flügel nach hinten, Gleitstrecken wie bei den anderen beiden Schwalben sind selten. Also sieht man nicht viel an Einzelheiten, um die Art sicher zu bestimmen.

Uferschwalbe

schelnd und raspelnd, fast so als wenn man mit grobem Sandpapier arbeitet, härter und stimmloser als die mehr trillernden Rufe der Mehlschwalbe. In Dörfer und Städte kommen sie kaum, im Spätsommer und Herbst sitzen sie wie Rauch- und Mehlschwalben auf der Leitung, jagen mitunter zu Tausenden über Seen und insektenreichen Feuchtgebieten, sind aber in manchen Gebieten, vor allem wenn es etwas waldreich und bergig wird, fast nie zu sehen.

Langstreckenzieher

Von April bis September/Oktober sind die kleinen Schwalben bei uns; ihre Winterquartiere liegen in West- und Zentralafrika. Schon ab Mitte Juli kann man mit Wanderbewegungen rechnen. Afrika erreichen die Wegzügler mit einer Abzugsrichtung nach Südwesten über die Iberische Halbinsel, die südlichen Brutvögel ziehen über das westliche Mittelmeer und Italien. Deutsche Uferschwalben waren im Winter im Senegal und in Nigeria.

Die kleinen Unterschiede

Uferschwalben sind kleiner als Mehl- und Rauchschwalben. Sie flitzen mit angelegten Flügeln durch die Luft, können abrupte Wendungen oder unvermittelte Steil- und Sturzflüge ausführen. Es ist schwer, ihnen mit dem Blick zu folgen, um irgendwelche Einzelheiten zu erfassen. Ihr Bewegungsmuster ist ein gutes Kennzeichen, wenn man sie erst einmal etwas kennengelernt hat.

Uferschwalben haben wie Mehlschwalben einen ❶ gegabelten Schwanz ohne äußere Schwanzspieße. Ihre Oberseite ist einheitlich ❷ braun, über die weiße Brust läuft ein breites dunkelbraunes ❸ Band. Bei der Identifizierung der kleinen Flitzer hilft die Stimme. Die Rufe klingen ra-

Platz für Erdhöhlen

Uferschwalben brüten so gut wie ausschließlich in Kolonien, die oft viele Paare umfassen. Sie können damit geeignete Brutstellen gut ausnutzen, haben aber über die Fläche gesehen wenig Auswahl. Die kleinen Vögel graben ❶ Höhlen in den Boden und benötigen dazu steile Abbrüche in nicht zu festen Ablagerungen. Im Binnenland waren dies früher vor allem die Prallhänge schnell fließender Flüsse, daher auch der deutsche Name. Heute sind nach Flussbegradigungen und -verbauungen solche natürlichen Brutplätze selten geworden. An ihre Stelle treten technische Abgrabungen wie Kies-, Sand-, Ton- und Baugruben – insgesamt meist sehr kurzfristige Möglichkeiten, die je nach Betriebsform auch sehr störanfällig sind. Das Bodenmaterial darf nicht zu fest sein, andererseits auch nicht zu locker oder zu durchlässig für Regenwasser. Außerdem muss eine Uferschwalbenwand freien Anflug garantieren und darf auch wegen möglicher Nesträuber nicht zu niedrig sein. Man kann Uferschwalben Mauern mit Löchern als Bruthilfe anbieten. Schutzmaßnahmen von Uferschwalbenkolonien in Erdabgrabungen haben oft keine lange Wirkung, da steile Erdhänge mit der Zeit abrutschen und abflachen. Natürliche Brutvorkommen konzentrieren sich an den Steilufern der Ostseeküste.

Am Brutplatz

Eine Schwalbe, die Höhlen in den Boden gräbt, ist besonderen Interesses wert. Es sind die Männchen, die die Arbeit verrichten, allerdings mit Nebenabsichten. Der Höhlenbau hat auch mit der Paarbildung zu tun. Die Männchen scharren mit

Uferschwalbenpaar an der Bruthöhle

ihren Füßen nach hinten mehrere Höhlenanfänge von einigen Zentimetern Tiefe und versuchen, zunächst unstet und etwas scheu umherfliegende Weibchen für diese Wahlhöhlen zu interessieren. Mit der Annahme einer ❶ Höhle durch das Weibchen ist die Paarbildung vollzogen. Erst dann baut das Männchen weiter und scharrt am Ende eines meist über einen halben Meter langen Ganges eine Nestkammer aus. Weibchen beteiligen sich dabei auch etwas. In festem Material schaffen sie Grableistungen von nur etwa 4 Zentimeter pro Stunde, in lockerem Sand geht es mit über 20 Zentimeter bedeutend schneller. Später kann sich ein Weibchen auch für benachbarte Höhlengrabungen interessieren und es kommt zu weiteren Verpaa-

rungen, z. B. für eine spätere Brut. Es ist also nicht immer nur ein festes ❷ Paar, das vor einer Bruthöhle sitzt. Ein Weibchen kann nacheinander mit mehreren Männchen verpaart sein, das Männchen lässt sich mit anderen Weibchen ein, ohne sich weiter um die Folgen zu kümmern.

Die Jungen werden zunächst in der Neströhre gefüttert, in der auch die Altvögel übernachten. Nach etwa 12 Tagen übernachten die Eltern außerhalb, die Jungen kommen zur Fütterung an den Höhleneingang. Die ersten Tage, nachdem sie das Nest verlassen haben, übernachten die Jungen noch in der Höhle. Im Alter von 5–6 Wochen interessieren sie sich schon selbst für den Höhlenbau.

Mauersegler

Ein Leben in der Luft

Die typischen Wildvögel der Großstadt sind die um die Häuser und hoch am Himmel jagenden Mauersegler, die trotz gewisser Ähnlichkeit mit Schwalben nicht näher mit ihnen verwandt sind. In Ritzen und Spalten von Fassaden, unter Dachvorsprüngen, Traufziegeln, auf Dachträgern und hinter kleinen Einschlupfmöglichkeiten unterm Dach liegen ihre Nester. Moderne Bauweise und Gebäudesanierung lassen ihnen aber kaum mehr eine Chance. Mit speziellen Mauerseglerkästen kann man das schwindende Nistplatzangebot kompensieren. Gegen Nahrungsmangel kann nur ein Verbot flächendeckender Insektenvernichtung helfen.

Mauersegler

gemeinsam. Dann kann man die unterschiedlichen Flugtechniken gut vergleichen.

Der Schnabel ist wie bei den Schwalben auffallend klein, der Mundspalt reicht aber weit darüber hinaus und kann sich zu einem Fangtrichter öffnen. Der Lauf ist sehr kurz, die Füße tragen starke, spitze Krallen.

Mauersegler hängen sich an raue Wände.

Die kleinen Unterschiede

Mauersegler in der Luft werden oft als Schwalben bezeichnet. Ihre Jagdweise ist Schwalben ähnlich, wenn man sie mit Insektenjägern vergleicht, die nicht in der Luft jagen. Von Schwalben trennt sie aber viel. Für die erste Diagnose sind die langen, ❶ sichelförmigen Flügel wichtig, länger als der Körper und ohne erkennbaren ❷ Flügelbug. Der gesamte Vogel ist ❸ dunkel, alle Schwalben haben dagegen eine helle Unterseite. Die aufgehellte Kehle sieht man im Flug meistens nicht. Der ❹ stromlinienförmige schlanke Körper ist größer als der aller heimischen

Schwalben. Die einsilbigen schrillen Seglerrufe lassen sich mit Schwalbenrufen nicht vergleichen. Weitere Hinweise liefert die Bewegung, in der man Segler normalerweise zu Gesicht bekommt. Segler schlagen mit ihren langen Flügeln schnell und tief durch und schalten dazwischen Gleitstrecken ein. Sie flattern nicht und schlagen auch nicht wie Schwalben mit den Flügeln nach hinten, sondern schießen mit schnellen Flügelschlägen dahin und nehmen das Tempo in die Gleitphasen mit. Bei besonderem Insektenangebot oder Luftströmungen mit Thermiken jagen oder fliegen sie durchaus mit Schwalben

Seglergeschichten

Über Mauersegler sind glaubhafte und unglaubliche Geschichten im Umlauf, unter denen gerade solche, die glaubwürdig klingen, weil sie logisch scheinen, falsch sind. Mauersegler laufen normalerweise nicht auf dem Boden. Sie hängen mit ihren Klammerfüßen in Ruhe an senkrechten Wänden oder auch an Zweigen, auf denen sie aber nicht sitzen. Sie können gut klettern, auf horizontalen Flächen sich schlängelnd, aber nur etwas mühsam fortbewegen. Dass sie sich vom flachen Boden nicht in die Luft erheben könnten, ist ein Gerücht. Auf freier Fläche richten sich die Vögel auf, schlagen kräftig mit senkrecht gehaltenen Flügeln und können sich mit den Füßen immerhin fast einen halben Meter hoch abstoßen. Gefährlich für geschwächte und vor allem verletzte Segler ist der weit verbreitete Irrglaube, man müsse sie nur hochwerfen, dann würden sie ausreichend Luft unter die Flügel bekommen. Das ist nichts anderes als Tierquälerei, ebenso wie die guten Ratschläge, Mauersegler, die leider allzu oft in Menschenhand gelangen, solle man mit hart gekochtem Ei, rohem Fleisch und Ähnlichem füttern. Außer Insekten, auch gefrorenen und dann wieder aufgetauten, kann hungernden Mauerseglern kaum etwas helfen.

Kein Gerücht ist die Tatsache, dass Mauersegler in der Luft übernachten, nachts offenbar über den wärmsten Luftschichten dahingleitend. Außerhalb der Fortpflanzungszeit sind Mauersegler wahrscheinlich wochenlang ununterbrochen in der Luft. Inzwischen ist »Schlafen« in der Luft auch für einen anderen Gleitkünstler, einen tropischen Fregattvogel,

Mauersegler am Brutplatz

nachgewiesen worden. Am Brutplatz übernachten Mauersegler übrigens meist im Nest.

Ältere Nestlinge können Schlechtwetterperioden, in denen sie von den Altvögeln nur mangelhaft ernährt werden, durch eine Art »Hungerschlaf« überbrücken. Fettvorräte werden abgebaut, zunächst bleibt die Körpertemperatur normal, nach einigen Tagen wird sie auf wenige Grad über der Umgebungstemperatur gesenkt, die Atmung ist reduziert. Am Morgen erwärmen sie sich schnell wieder in wärmerer Umgebung und können bei Wetterbesserung gleich Nahrung aufnehmen. Freilich geht diese Reduktion von Lebensfunktionen nur gewisse Zeit gut und zögert bei sehr langen Hungerperioden den Tod nur hinaus.

Und auch diese Aussage stimmt: Mauersegler sind nur etwa ein Vierteljahr bei uns im Brutgebiet.

Am Brutplatz

Mauersegler halten ihrem Brutplatz und damit auch ihrem Partner die Treue. Die ältesten beringten Vögel sind 19 bis 21 Jahre alt geworden. Die Nester stehen in dunklen Gängen und Hohlräumen in Gebäuden, z. B. in Spalten unter ❶ Dachrinnen. Freier ❷ Anflug ist entscheidend. Das Material für das Nest wird in der Luft gesammelt und mit Speichel überzogen und verklebt. Die Jungen fliegen erst nach über 40 Tagen aus, sind dann aber sofort selbständig und kehren nicht mehr zum Nest zurück. Spätestens bis Ende August haben uns die meisten von ihnen verlassen.

Obstgärten, in denen Obst noch auf richtigen Bäumen reift, und mancher Winkel einen nicht peinlich sauber aufgeräumten Eindruck macht, bieten Gartenvögeln Lebensraum. Gartenrotschwanz, Grauschnäpper, Mönchsgrasmücke, Gelbspötter und manch andere lassen sich hier entdecken.

Buntspecht

Der Specht, der auch an Häuser klopft

Buntspechte sind wie alle ihre Verwandten Waldvögel. Laub- und Mischwälder mit alten Bäumen bilden ihren bevorzugten Lebensraum, in reinen Nadelwäldern leben weniger. Vom Wald haben sie sich in Parkanlagen selbst mitten in die Städte gewagt und sind, sofern einige alte Bäume stehen, auch Gartenvögel geworden, die Futterstellen besuchen. Sie besiedeln heute ein breites Spektrum an Lebensräumen und sind für viele Menschen das Muster eines Spechts. Buntspechte haben mit ihrer Vielseitigkeit offenbar Erfolg, denn ihr Bestand hat langfristig und großräumig zugenommen.

Bunt in Schwarz-weiß

Buntspechte verdanken ihren Namen nicht einer Palette von Farben, sondern nur einem raffinierten Muster aus Schwarz und Weiß. Etwas Rot ist auch dabei, beim Männchen z. B. in einem ❶ Fleck am Hinterkopf. Zwei große ❷ ovale weiße Schulterpartien kontrastieren mit schwarzem Rücken und Bürzel. Auf den Flügeln sitzt ein ❸ weißes Fleckenmuster, das helle Gesicht ist ❹ schwarz eingerahmt, ein schwarzer Wangenstreif zieht sich bis zum Schnabel. Spechte halten sich mit kräftigen, krallenbewehrten Zehen am Stamm und klettern. Die Arbeit der Zehen wird durch den Einsatz der Schwanzfedern unterstützt. Mit diesem ❺ Stützschwanz können sich Spechte absichern und mit seiner Hilfe auch ausruhen. Die zugespitzten Federn mit kräftigen Strahlen drücken gegen die raue Borke und verhaken sich. Sie müssen hohe Beanspruchung aushalten und druckfest sein.

Buntspecht, Männchen an der Futterstelle

Klopfen und Trommeln

Wenn Buntspechte Nahrung suchen, klopfen sie in unregelmäßiger Folge. Mit seitlichen Schnabelhieben werden Rindenstücke entfernt, mit senkrechten Löcher ins Holz geschlagen. Auch wenn es um Samen geht, hacken Buntspechte die Umhüllungen oder Zapfen von Kiefern und Fichten auf, die sie zwischen Bauch und Stamm klemmen. Stellen, die sich besonders gut zum Festhalten von kleinen oder größeren Objekten eignen, werden immer wieder aufgesucht. So entstehen regelrechte **Spechtschmieden**, in denen in einen Spalt oder eine Ritze eingeklemmte Samen oder Zapfen mit dem Schnabel bearbeitet werden. Weiches Dämmmaterial lockt Nahrung suchende Buntspechte, auch an Häusern wie in einen morschen Baumstamm zu hacken. Betroffene Hausbesitzer können sich auf Dauer wohl nur mit härterem Deckmaterial helfen, denn Buntspechte können hartnäckig sein und kommen oft beharrlich an einmal entdeckte, für sie interessante Plätze zurück.

Etwas ganz anderes als das je nach Untergrund unterschiedlich weit zu hörende Klopfen sind die schnellen und lauten Trommelwirbel im Frühjahr gegen Material, das einen guten Resonanzboden abgibt, wie dürre Äste oder Stammabschnitte, an Häusern etwa Dachträger oder Zierbretter, aber auch Blechverschalungen. Damit senden die Spechte Signale der Kontaktaufnahme. Sie können nicht singen und lösen das Problem daher instrumental. Auch Weibchen trommeln, und das auch im Wechsel mit den Männchen.

Klopfen wie Trommeln bedeuten einen erheblichen Aufprall, der in

Buntspecht, Weibchen

seiner Wucht mit dem aus einer Geschwindigkeit von 25 Kilometern pro Stunde gegen eine Wand gleichzusetzen ist. Verschiedene Besonderheiten des Körperbaus verhindern Schäden an Kopf und Wirbelsäule. Eine dämpfende, aus schwammigen Knochen bestehende Verbindung zwischen Schnabel und Gehirnschädel absorbiert teilweise die Wucht der Hackschläge zum Gehirn. Auch ist die Schädeldecke fester als bei anderen Vögeln. Die besonders gefährdeten Augen, die in einer fast vollständig verknöcherten Augenhöhle sitzen, werden im Moment des Aufschlags geschlossen. Eine kräftige Nackenmuskulatur liefert nicht nur die Kraft für die Schläge, sondern mildert auch die Wucht des Aufpralls auf die Wirbelsäule. Verbreiterung der Rippenbögen und ihre Verbindung mit Querstreben bieten größere Ansatzflächen für eine stabile Brustmuskulatur und auch kräftige Kiefermuskulatur leitet die

Energie eines Schlags ab. Der Körper ist also in vieler Hinsicht durch stoßdämpfende Verbindungen gesichert.

Die kleinen Unterschiede

Die Weibchen haben einen ❶ einheitlich schwarzen Nacken. Die ❷ Unterschwanzdecken und die Steißregion sind in allen Kleidern rot von der weißen Unterseite abgesetzt.

Mit ihren kräftigen ❸ Zehen, die sie weit auseinanderspreizen, können sich Buntspechte auch an Zweige und frei hängende Futtergeräte mit dem Rücken nach unten festklammern. Der ❹ Stützschwanz mit den versteiften zugespitzten Federn hat dabei ausnahmsweise die Aufgabe, den Körper auszubalancieren.

Junger Buntspecht schaut aus der Bruthöhle.

Alter von etwa 18 Tagen beginnen sie, sich am Höhleneingang ❶ zu zeigen und werden jetzt von außen gefüttert. Sind sie flügge geworden, stellen die Eltern die Fütterung ein, der Hunger treibt die Jungen aus der Höhle. Sie sind an einem durchgehend ❷ roten Scheitel kenntlich. Wenn die Jungen die Höhle verlassen, können sie noch schlecht fliegen und flattern oft auf den Boden herunter, übernachten aber dann an einem Stamm. Noch etwa 3 Wochen bleiben sie in Nestnähe, kümmern sich kaum untereinander, können schon am ersten Tag nach Verlassen der Bruthöhle selbst Nahrung aufnehmen, betteln aber die Eltern noch an und werden auch noch eine Weile gefüttert. Mit langen Reihen von einsilbigen Buntspechtrufen machen sie auf ihren Standort aufmerksam. Sie sitzen einzeln verteilt und sind im Spiel von ❸ Licht und Schatten nicht immer leicht zu entdecken. Am Jungvogel im Bild werden beim Putzen die zugespitzten ❹ Stützschwanzfedern gut sichtbar.

Am Brutplatz

Buntspechte brüten in Baumhöhlen, die das Männchen in Bäume hackt. Bevorzugt werden Weichhölzer, Bäume mit Astlöchern oder auch kranke Bäume. Während der Arbeit wird ein Teil der Späne aus dem Höhleneingang herausgeworfen, ein Teil bleibt auch als Unterlage für Eier und Nestlinge in der Höhle. Das Weibchen interessiert sich für die Bauarbeiten, beteiligt sich aber daran in der Regel kaum. Nicht immer muss bei Beginn der Brutzeit eine neue Höhle ausgehackt werden. Alte Höhlen werden wieder benutzt, ehemalige Höhlenanfänge oder auch Schlafhöhlen ausgebaut. Spechte übernachten meistens in Schlafhöhlen, die zu allen Jahreszeiten gezimmert werden können. Auch große Holznistkästen dienen gelegentlich als Nachtquartier. Eine Bruthöhle ist 20–50 cm tief, das Einschlupfloch meistens etwas elliptisch. Bis weit über 2 Wochen baut ein Männchen an einer neuen Höhle. Beide Partner bebrüten ein Gelege von 4–7 Eiern etwa 2 Wochen lang. Die geschlüpften Nestlinge

müssen noch bis etwa 12 Tage vor allem nachts von den Altvögeln gewärmt werden. Untertags kann es aber in der Höhle sehr warm werden, so dass brütende oder bei den Nestlingen sitzende Altvögel mit offenem Schnabel hechelnd aus der Höhle schauen. Nesthygiene ist in der geschlossenen Höhle wichtig, der Kot der Jungen wird bis zum Ende der Nestlingszeit von den Altvögeln entsorgt. Die Jungen in der Höhle zirpen laut und sind von außen oft gut hörbar. In einem

Buntspecht, Jungvogel bei der Gefiederpflege

Grünspecht

Ein Specht, der oft am Boden sitzt

Grünspechte trommeln nur höchst selten und nicht laut. Dafür haben sie einen kräftigen Gesang. Ihr Lachen schallt im Frühjahr durch Laub-, Misch- oder Auwälder sowie aus Parkanlagen und in Gartenstädten mit alten Bäumen. Grünspechte brauchen neben Bäumen auch größere Wiesen, Kahlschläge oder andere Freiflächen, auf denen sie nach Nahrung suchen. Sie sind über ganz Mitteleuropa verbreitet, allerdings viel weniger häufig als Buntspechte, deren Bestand an Brutpaaren in Deutschland etwa zehnmal so hoch ist. Das Nest ist in Baumhöhlen untergebracht, die nicht immer neu gezimmert werden.

Auf der Suche nach Ameisen

Grünspechte hüpfen oft auf dem Boden herum. Sie suchen dort nach Ameisen, fast das ganze Jahr über, sogar unterm Schnee. Fündig werden sie entlang von Wegen oder auf kurzrasigen Flächen und überprüfen selbst kleinste ❶ Ritzen und Löcher. Sie können ihre lange klebrige Zunge, die an der Spitze mit kleinen Widerhaken versehen ist, über 10 Zentimeter vorstrecken und damit Ameisen auch aus den kleinsten Öffnungen herausholen. In weichen Untergrund hacken sie mit ihrem ❷ mächtigen Schnabel trichterförmige Löcher und gelangen so zu unterirdischen Ameisengängen, in denen sie ihre Beute ertasten und heraus-

Grünspecht, Männchen

holen. Im Sommerhalbjahr graben sie auch an großen Ameisenhaufen im Wald.

Grünspechte sind deutlich größer als Buntspechte. Wenn sie in bogenförmigen Flugbahnen über offene Strecken fliegen, kann man sie an ihrer ❸ grünen Oberseite mit gelblichem Bürzel gut erkennen.

Aus der Nähe fällt der ❹ rote Scheitel auf. Das ❺ weiße Auge sitzt in einer schwarzen Gesichtsmaske, die beim Männchen durch einen schwarz gesäumten ❻ roten Wangenstreif nach unten abgegrenzt wird.

Wie bei anderen Spechten ist der spitze ❼ Stützschwanz ein sicheres Gruppenkennzeichen.

Grünspecht auf der Suche nach Ameisen

Grünspecht, Weibchen

Grünspecht, Weibchen im Jugendkleid

Die kleinen Unterschiede

Bei den Weibchen zeigt die schwarze ❶ Gesichtsmaske, aus der das weiße Auge auch aus größerer Entfernung gut sichtbar ist, keinerlei Rot. Sonst sind die beiden Geschlechter nicht zu unterscheiden. Im Jugendkleid ist die ❷ Unterseite kräftig gefleckt. An der ❸ grünen, wenn auch etwas matteren Oberseite, und dem ❹ roten Scheitel ist der Grünspecht ohne Zweifel zu erkennen. Die schwarze Gesichtsmaske ist aber noch nicht zu sehen. Sie ist auf einen kleinen, etwas diffusen ❺ schwarzen Wangenstreifen reduziert. An ihm erkennt man aber schon, dass der abgebildete Jungvogel ein Weibchen ist. Beim Männchen ist der Wangenstreif auch im Jugendkleid bereits rot.

Am Brutplatz

Grünspechte sind keine ausgesprochenen Hackspechte, dafür sind sie trotz des stattlichen Schnabels nicht ausgerüstet. Daher sind sie auch keine Trommler und melden sich lieber mit ihrer Stimme, im Frühjahr mit einer Reihe von lachenden Lauten als Gesang, sonst im Jahr mit lauten, harten Rufen, die auch in Reihen vorgetragen werden. Beim Höhlenbau ist sparsamer Einsatz der eigenen Kräfte angesagt. Als Schlafhöhlen werden vor allem alte Höhlen anderer Spechte genutzt, mitunter auch Nistkästen und Mauerspalten. Auch Bruthöhlen werden nach Möglichkeit nicht jedes Jahr neu gezimmert und alte Höhlen bevorzugt ausgewählt. In solchen Fällen werden nur einige Späne losgehackt, um eine Unterlage für die Eier zu haben. Neue Höhlen entstehen vor allem an Fäulnisstellen, an denen sich leichter weiterarbeiten lässt. Solche leichteren Arbeitsmöglichkeiten entstehen mit der Zeit auch um Höhlenanfänge, die in den Baum gehackt, dann aber bald wieder aufgegeben werden. Man kann dann später darauf zurückgreifen. Höhlenbau beginnt oft schon im Herbst und wird dann im Winter unterbrochen. Ab März geht es dann weiter. Es gibt also verschiedene Strategien für einen Specht, der einen Teil seines Lebens auf dem Boden verbringt. Und es wird auch verständlich, warum Baumhöhlen ein kostbares Angebot für viele höhlenbrütende Waldvögel darstellen, um das es viel Konkurrenz gibt. Die Rolle der Spechte als Höhlenlieferanten hat enorme ökologische Bedeutung. Männchen und Weibchen arbeiten beim Höhlenbau zusammen und bebrüten auch gemeinsam das Gelege von 5–8 Eiern. Die Jungen verlassen nach ungefähr 25 Tagen das Nest. Sie werden dann noch 3–7 Wochen von den Altvögeln betreut. Oft aber teilt sich die Familie auf, so dass man nur einen Altvogel bei einem oder mehreren Jungen sieht.

Ringeltaube

Vom Wald in die Stadt

Die größte und häufigste heimische Taube galt lange Zeit als scheuer Waldvogel, der einem Jägerspruch nach auf jeder Feder ein Auge hatte. Die Zunahme des Getreideanbaus hat schon vor rund 150 Jahren die Taube aus dem Wald gelockt. Die Bestände vergrößerten sich und nach Mitte des 20. Jahrhunderts wanderten Ringeltauben in die Städte ein. Möglicherweise sind sie damit auch der Verschlechterung der Lebensbedingungen in der ausgeräumten Produktionslandschaft ausgewichen. In vielen Städten war die Einwanderung ein Erfolg, denn Ringeltauben gehören neben Straßentauben heute zum Stadtbild.

Ringeltaube, Altvogel

Erfolgsmodell Ringeltaube?

Ringeltauben laufen heute den Einwohnern vieler Städte täglich über den Weg. Sie sind daher bekannt, die großen ❶ langschwänzigen Tauben mit dem ❷ weißen Fleck auf der Halsseite und der weißen ❸ Flügelbinde, die im Flug auffällig wird, die man aber auch beim sitzenden Vogel sehen kann.

Ringeltauben sind heute in Deutschland die häufigsten Vögel, die nicht zu den Singvögeln zählen. Ihr Bestand ist knapp viermal so groß wie der von Raben- und Nebelkrähe, über deren Häufigkeit immer wieder geklagt wird. Hohes Nahrungsangebot, weniger Druck durch Beutefeinde und geringer Fluchtabstand zu Menschen, die sie füttern, oder sich für sie gar nicht interessieren und jedenfalls nicht auf sie schießen, haben die teilweise rasant eingetretene Verstädterung wohl beflügelt. Ringeltauben sind Vegetarier und nehmen ihre Nahrung meistens vom Boden auf. An die Stelle von Eicheln, Bucheckern, Getreidekörnern und grünen Blättern sind in der Stadt Blüten und Samen anderer Bäume getreten und vor allem Brot und andere organische Abfälle, von denen städtische Ringeltauben gut leben können.

Aber das Bild ist uneinheitlich. Ein paar Zahlenbeispiele aus Bestandserhebungen nach der Jahrtausendwende deuten an, dass es bei der Ringeltaube spannend bleibt, zumal sie in der Stadt auch auf andere Tauben trifft, die als Konkurrenten in Frage kommen. In Osnabrück kommen 85 Ringeltaubenpaare auf ein Straßentaubenpaar, in Hagen in Westfalen sind es 3, in Chemnitz 1, in Regensburg kommen dagegen 2 Straßentaubenpaare auf ein Ringeltaubenpaar und in Wien sogar fast 8. Es scheint so, als ob es im Osten und Süden bisher für Ringeltauben noch nicht so gut gelaufen ist. In Berglagen sind sie auch in Wäldern immer noch ausgesprochen selten. Ob Ringeltauben vom Klimawandel profitieren können, ist noch offen. Für Vogelbeobachter eine interessante Herausforderung.

Die kleinen Unterschiede

Es gibt auch Ringeltauben ❶ ohne Halsring; es handelt sich dann um Vögel im Jugendkleid. Größe und Gestalt lassen über die Artzugehörigkeit aber wenig Zweifel aufkommen, zumal der ❷ weiße Flügelrand am sitzenden Vogel gut sichtbar ist und im Flug dann die auffällige weiße Flügelbinde. Wildfarbene Straßentauben sind etwas kleiner und ❸ kurzhalsiger als Ringeltauben. An ihrem Hals sieht man oft einen ❹ grün schimmernden Fleck, auf dem Flügel 1–2 ❺ schwarze Binden. Straßentauben kommen aber in den verschiedensten Gefiedervarianten vor, manche lassen ihre Abstammung von Haustauben noch deutlich erkennen. Die Stammmutter von Haus-, Brief- oder Straßentaube ist die in Südeuropa beheimatete Felsentaube.

Am Brutplatz

Für Ringeltauben gelten einige Besonderheiten, die wahrscheinlich auch eine Rolle bei der erfolgreichen Einwanderung in Städte spielten. Die Nester sind dünne Plattformen aus meist trockenen Zweigen, die bei guter Unterlage auch für weitere Bruten verwendet oder sogar im folgenden Jahr wieder bezogen werden. Hohe Bäume, vor allem wenn sie früh im Jahr Laub tragen, bieten gute Nestplätze, in der Stadt kommen dazu Vorsprünge und Nischen an Gebäuden in Betracht. Hier haben Ringeltauben oft die Plätze von Straßentauben eingenommen. Tauben legen nur 2 Eier. Aber in Städten ist die Brutperiode oft erstaunlich lang und dauert von Ende März bis Anfang September. So können viele Paare 2 Bruten im Jahr aufziehen, in Einzelfällen sogar drei. Diese lange Fortpflanzungszeit ist möglich, weil Tauben über eine bei Vögeln einmalige Möglichkeit verfügen, ihre Nestlinge zu ernähren. Sie produzieren im Kropf eine Substanz, die wie Quark aussieht und der Milch von Säugetieren im Gehalt an Nährstoffen sehr ähnlich ist. Diese Kropfmilch dient den Nestlingen 2 Wochen lang als Hauptnahrung. Dann erst bekommen sie Futter, das der Diät der Altvögel entspricht. Die Kropfmilch macht die Jungenaufzucht weniger abhängig vom jahreszeitlichen An-

Wildfarbene Straßentaube

gebot an Nahrung, die für die Nestlinge geeignet ist. Die lange Brutzeit und ein fast ganzjähriges Nahrungsangebot für Altvögel war auch ein Grund für die starke Vermehrung der wenig geschätzten Straßentaube. Offensichtlich haben die größeren Ringeltauben sich vielerorts als die Stärkeren gegen sie durchgesetzt.

Wanderungen

Ringeltauben sind Kurzstreckenzieher, die im Herbst nach Südwesten ziehen und über Frankreich bis Spanien kommen. Dabei müssen sie Gebiete mit exzessiv starker Bejagung hinter sich bringen. Viele Ringeltauben überwintern aber in Mitteleuropa, wohl vor allem die Stadtvögel. Die Zahl der Standvögel scheint in milderen Gebieten Westdeutschlands deutlich höher zu liegen als weiter im Osten. Zu den bei uns überwinternden kommen aber noch Wintergäste aus Skandinavien. Im Herbst und Frühjahr ist auch mit vielen Durchzüglern zu rechnen.

Ringeltaube, Jugendkleid

Türkentaube

Lehrbuchbeispiel der Tiergeografie

Kurz vor der Mitte des 20. Jahrhunderts haben die ersten vom Balkan her eingewanderten Türkentauben in Deutschland gebrütet; rund 30 Jahre später hatten sie Island erreicht und fast ganz Europa erobert. Diese Ausbreitungsgeschichte ist einmalig und fast atemberaubend. Die Gründe dafür sind nicht ganz klar, mehrere Umstände können in Frage kommen. Heute lebt die kleine Taube immer noch fast ausschließlich in menschlichen Siedlungen, vom Einzelhof bis zur Großstadt. Über die letzten Jahrzehnte ist die Entwicklung des friedlichen Eroberers negativ verlaufen, manche Orte sind wieder aufgegeben worden.

Türkentauben im engen Paarkontakt

gen. Die äußeren Schwanzfedern tragen breite weiß ❹ abgesetzte Spitzen, die man auch beim fliegenden Vogel, wenn der Schwanz vor allem kurz vor der Landung gespreizt wird, gut sehen kann. Ein wichtiges Artkennzeichen ist ein schmales schwarzes ❺ Nackenband, das vorn offen ist und daher auch aus der Nähe bei ungünstiger Perspektive oder bei etwas aufgeplusterten Halsfedern nicht immer zu sehen ist.

Einträchtiges Paar

Türkentauben leben in monogamer Saisonehe. Die Partner finden oft auch im folgenden Jahr wieder zusammen, weil sie ins alte Revier zurückkommen oder sich auch wohl persönlich kennen.

Das Männchen wirbt mit Imponiergehabe, dem sogenannten Prahlen, um das Weibchen.

Nach der Paarbindung sitzen die Partner oft eng aneinander geschmiegt. Das und auch das bei Tauben übliche Schnäbeln hat der Volksmund schon seit Langem von der Turteltaube, einer selten gewordenen Verwandten der Türkentaube, als sprichwörtliches Paarverhalten abgeleitet.

Kommt ein fremdes Männchen in die Nähe, sucht das verpaarte Männchen sein Weibchen abzudrängen.

Die kleinen Unterschiede

Türkentauben lassen sich leicht identifizieren. Sie sind deutlich ❶ kleiner und schlanker als Straßen- oder Ringeltauben und auch als die meisten Haustaubenrassen. Am sitzenden wie am fliegenden Vogel fällt der ❷ lange Schwanz auf. Fliegende Türkentauben werfen ihren Körper oft von einer Seite auf die andere, haben einen etwas zuckenden Flügelschlag und erzeugen ein pfeifendes Fluggeräusch, das vor allem zwischen Häusern erstaunlich weit zu hören ist. Das ❸ helle Gefieder unterscheidet sie auch auf den ersten Blick von den anderen Tauben – aber man muss natürlich aufpassen, wenn hellfarbige Haustauben umherfliegen.

Türkentauben, Paar in der Großstadt

Schicksal eines Einwanderers

Bis vor etwa 80 Jahren brüteten Türkentauben in Europa nur auf der Balkanhalbinsel. Rund 10 Jahre später begann eine überraschende Ausbreitung über fast ganz Europa mit Ausnahme arktischer Gebiete. In Deutschland nahmen die Brutbestände bis in die 1970er-Jahre zu. Seither ist die Entwicklung rückläufig, in manchen Gebieten haben Türkentauben sogar drastisch abgenommen, in anderen gibt es Versuche von Neuansiedlungen und regionale Bestandser-holungen. Über die Ursachen der rasanten Ausbreitung wird immer noch diskutiert, der weitere Verlauf und die gegenwärtige Entwicklung erklären sich wenigstens teilweise durch die Lebensweise der kleinen Taube.

Fast alle Brutplätze liegen in menschlichen Siedlungen, von einzeln stehenden Höfen über Dörfer bis in die ❶ Großstadt.

Hier haben sich die Verhältnisse aus verschiedenen Gründen aber verschlechtert. Türkentauben sind keine Zugvögel. Weitere Wanderungen in unterschiedliche Richtungen werden nur von Jungvögeln unter-nommen. Aufgabe traditioneller Vieh- und Kleintierhaltung hat z. B. das Überleben in Dörfern im Winter außerordentlich erschwert. Ein Stützpunkt in Großstädten sind häufig Zoos, da hier immer etwas Futter abfällt. Aber die moderne Stadtentwicklung dürfte Nist- und Nahrungsmöglichkeiten erheblich schmälern. Auch die Konkurrenz von Straßen- und Ringeltauben könnte eine Rolle spielen. Ob eine Zunahme milder Winter der Taube helfen, gut über die Runden zu kommen, muss sich noch erwei-sen. Manche Plätze wurden viel-leicht auch im Zug der rasanten Ausbreitung besiedelt und haben sich im Nachhinein für einen dau-erhaften Bestand als nicht tragfähig

erwiesen, andere günstigere wer-den vielleicht erst nach und nach entdeckt. Türkentauben zeigen wie-der einmal, dass Dynamik von Vo-gelbeständen oft eine komplexe Angelegenheit ist, die sich mit we-nigen Vermutungen nicht befriedi-gend erklären lässt.

Am Brutplatz

❶ Technische Einrichtungen und moderne Bauweise schrecken die eigentlich das Landleben lieben-den Türkentauben nicht ab, wenn die Lebensgrundlagen vorhanden sind. Die Nahrung besteht aus Sa-men von Gräsern, Kräutern und Blumen, Keimlingen, grünen Blät-tern im Sommer und im Herbst Beeren und Früchten von Sträu-chern; in der Stadt bieten auch or-ganische Abfälle manche Möglich-keiten, Engpässe im Angebot zu überbrücken. In der langen Brutzeit von März/April bis August/Septem-ber können mindestens 2, maxi-mal aber bis zu 4 Bruten unterge-bracht werden, eine hohe Zahl von Verlusten wird durch Ersatz-bruten wieder wettgemacht. Junge Türkentauben können bereits 2,5–4 Monate nach dem Schlüp-fen, also noch im Geburtssommer, mit ihrer ersten Brut beginnen. Diese guten Vermehrungsmöglich-keiten haben in der raschen Aus-breitung zusammen mit dem An-gebot einer zunächst noch traditionellen Landwirtschaft sicher eine Rolle gespielt.

Waldkauz

Es gibt ihn nicht nur im Fernsehkrimi

Den »schauerlich« klingenden Reviergesang des Waldkauzmännchens kann man im Herbst und im frühen Frühjahr hören, allerdings nicht mit solch zwangsläufiger Regelmäßigkeit wie in Nachtszenen der Fernsehkrimis. Immerhin hat sich die häufigste deutsche Eule von naturnahen Laub- und Mischwäldern mit alten, höhlenreichen Bäumen in die Nähe des Menschen in Parks, Alleen und baumreiche Gärten bis in die Großstadt gewagt. Dies ist wohl deshalb gelungen, weil Waldkäuze unter den heimischen Eulen die vielseitigsten Jäger sind und mit unterschiedlichen Jagdmethoden Beute machen können.

Eulentag

Waldkäuze sind dämmerungs- und nachtaktiv. Sie haben innerhalb von 24 Stunden 2 Aktivitätsgipfel, nämlich in der Abend- und in der Morgendämmerung. Tagsüber sitzen sie ruhig in einem Tageseinstand, meist in Bäumen, aber auch in Nischen an Gebäuden, ❶ Kaminen, Dachböden oder großen Nistkästen. Sie dösen dann meistens an eine Seitenwand angelehnt. Phasen des Tiefschlafs sind kurz und dauern meistens nur Sekunden. Innerhalb eines vollen Tages wird wohl oft nur eine halbe Stunde tief geschlafen. Außerhalb der Brutzeit schalten Waldkäuze auch in der Nacht zwischen Abend- und Morgendämmerung eine Ruhepause ein. Wenn hungrige Junge im Nest zu versorgen sind, fliegen die Altvögel auch um Mitternacht und nach Sonnenaufgang auf die Jagd. In tiefer Dämmerung und in der Dunkelheit haben sie mit ihren Augen, die noch mit geringen Lichtmengen auskommen, und einer guten Fähigkeit des Richtungshörens gegenüber vielen Beutetieren Vorteile.

Eulengefieder

Die beiden abgebildeten Waldkäuze sind ein Paar, Männchen und Weibchen jedoch sind nicht an der Gefiederfärbung zu unterscheiden.

Waldkauz, Paar am Brutplatz

Als Grundfärbung kommen unterschiedliche Typen von ❷ rostbraun bis ❸ graubraun vor, unabhängig vom Geschlecht. Ober- und Unterseite sind mit dunklen Flecken, Stricheln und Kritzeln übersät, eine hervorragende Tarnung auf Bäumen. Körperfedern der Eulen sind weich. Ihre Basis ist relativ lang nach oben mit Dunen besetzt. Die Schwungfedern im Flügel und die Steuerfedern im Schwanz sind geräuschdämmend angelegt, da die üblicherweise glatte Federoberfläche mit einer feinen Haardecke besetzt und aufgeraut ist. Die äußersten Handschwingen tragen eine schalldämpfende Sägekante.

Waldkauz

Eulengesicht

Eulen und Käuze sind als Maskottchen oder schmückende Figuren sehr beliebt, weil sie ihre meist großen ❶ Augen vorne im Kopf tragen und damit ein richtiges Gesicht nach unseren Vorstellungen zeigen mit einem ❷ Federkranz um die Augen, dem sogenannten Schleier. Das sieht irgendwie klug und sympathisch aus. Diese Anordnung ist funktional zu verstehen: Die nach vorne gerichteten Augen erlauben, in einem größeren Bereich beidäugig und damit räumlich zu sehen. Allerdings ist damit das gesamte Gesichtsfeld kleiner als bei anderen Vögeln mit seitlichen Augen. Das gleicht der Waldkauz mit guter Wende- und Drehfähigkeit des Kopfes aus. Er kann von einem Punkt aus, ohne seinen Standort zu verändern, nahezu rundum sehen. Der breite Kopf vergrößert den Abstand der (nicht sichtbaren) Ohren, die noch dazu asymmetrisch sind. Mit weitem Ohrabstand und unterschiedlicher Ohranordnung treffen Schallwellen zu verschiedenen Zeitpunkten auf den Hörapparat.

Damit wird gutes Richtungshören überhaupt erst möglich. Der Schleier um die Augen wirkt als fokussierender Schalltrichter für ankommende Schallwellen.

Beuteliste

Waldkäuze können Säugetiere von der Maus bis zum Eichhörnchen erbeuten. In der Stadt machen auch Kleinvögel einen großen Teil der Nahrung aus. Manche Käuze plündern Vogelnester, holen sich Frösche und Kröten, fangen Fledermäuse und fischen auch gelegentlich. Mit solcher Vielseitigkeit können sie sich nicht nur auf ein unterschiedliches Nahrungsangebot in verschiedenen Lebensräumen, sondern auch auf große Schwankungen von Jahr zu Jahr einstellen. Denn für reine Mäusejäger werden mäusearme Jahre oft zum Problem. Waldkäuze halten sich als ausgesprochene Standvögel ein Leben lang in einem relativ kleinen Revier auf und sind daher mit den Möglichkeiten in ihrer Umgebung sehr gut vertraut. Gute Reviere sind über Generationen besetzt.

Am Brutplatz

Schon ab September kann man bis in den November hinein den Reviergesang des Männchens hören, eine heulende Strophe, die als unheimlicher Laut der Nacht gilt. Im zeitigen Frühjahr ist sie dann wieder zu hören, auch wenn noch Schnee liegt. Häufigster Ruf des Weibchens ist ein schrilles »kuwitt«. Als Nester werden vor allem Baumhöhlen gewählt, auch Höhlen an alten Gebäuden, in Kirchtürmen, Scheunen oder Ruinen. Die Eier liegen auf dem Boden in Holzmulm, Schutt oder zerbissenen Gewöllen aus Haaren und Knochen der Beutetiere. Schon im März, in tiefer gelegenen Gebieten auch im Februar, legt das Weibchen die Eier. Die Nestlinge verlassen die Bruthöhle in einem Alter von etwa 30 Tagen noch nicht flugfähig, fallen häufig auf den Boden, klettern dann auf Äste hoch und werden noch etwa 2 Monate von den Eltern gefüttert. Im noch flugunfähigen Stadium werden sie als Ästling bezeichnet. Sie tragen zuerst noch Federn des ❸ zweiten Dunenkleids, die nach und nach von den Federn des ❹ Jugendkleids ersetzt werden.

Waldkauz, Ästling

Turmfalke

Falken bauen keine Nester

Turmfalken gibt es überall in Mitteleuropa. Brutpaare auf hohen Türmen machen aber wahrscheinlich nur einen kleinen Teil aus. Viele technische Bauwerke sind als Brutplätze dazu gekommen, Autobahnbrücken können sogar Kolonien beherbergen. Für einen Vogel, der kein Nest baut, boten von jeher Felsnischen Möglichkeiten für eine Kinderstube. Auch alte Krähen- und Elsternnester liefern geeignete Unterlagen. Als voller Erfolg erwiesen sich eigens für die Bedürfnisse des Falken konstruierte Nistkästen, die in Städten und Industrieanlagen für überdurchschnittlich guten Bruterfolg sorgen.

Die kleinen Unterschiede

Falken hat man lange Zeit zu den Greifvögeln gezählt, weil sie Wirbeltiere jagen und krumme Schnäbel und Greiffüße haben. Jetzt hat sich herausgestellt, dass wie auch in manchen anderen Fällen Ähnlichkeiten, die als Anpassungen an eine bestimme Lebensweise zu verstehen sind, oft nichts mit gemeinsamer Abstammung und daher mit einer genetischen Verwandtschaft zu tun haben. Falken werden von Systematikern heute in die Nähe von Papageien gestellt und sind auch von Singvögeln nicht allzu weit entfernt. Das ändert natürlich nichts an der Tatsache, dass sie hervorragende Jäger sind. Turmfalken sitzen schlank mit aufrechtem Körper auf ihrer Warte mit ❶ langem Schwanz und relativ schmalen Flügeln, die beim sitzenden Vogel ❷ lang und spitz wirken, im Flug an den Enden aber etwas stumpfer sind. Im Unterschied zum Sperber (s. S. 146) schauen ❸ dunkle Augen aus einem runden Kopf. Männchen erkennt man am grauen ❹ Kopf und an einer ❺ rotbraunen Oberseite mit weit gestreuten schwarzen Tupfen. Die Basis des kurzen, stark gekrümmten ❻ Schnabels ist gelb.
Turmfalken sind auch oft zu hören, wenn sie etwas erregt schnelle

Turmfalke, Männchen

Reihen wie »kli-kli« rufen oder am Brutplatz wimmernde Rufe hören lassen.

Lebensraum

Turmfalken kann man überall begegnen, nur kaum im geschlossenen Wald. Sie leben hauptsächlich in offenen und halboffenen Landschaften, brüten an Dorfkirchen oder auch in höheren Bäumen einer Gartenstadt und sind ständige Bewohner hoher Gebäude auch mitten in Großstädten. Hier sind manche Brutplätze traditionell über viele Jahre besetzt, wenn nicht zu oft Umbauten und Renovierungsarbeiten stattfinden. Auch viele Felswände haben Turmfalkenpaare. Im Hochgebirge sind sie allerdings nicht häufig, wahrscheinlich ist hier in manchen Tallandschaften das Nahrungsangebot zu dürftig.

Flugkünste

Mit schnellen, fast etwas hastigen Flügelschlägen überwinden Turmfalken größere Strecken. Der lange Schwanz, beim Weibchen braun und mit dunkler ❶ Querbänderung, und ❷ relativ breit am Körper angesetzte, aber sich nach außen verjüngende Flügel bilden eine charakteristische Flugsilhouette. Gleitstrecken mit ausgebreiteten Flügeln werden im Unterschied zum etwa gleich großen Sperber (s. S. 146) nur in größeren Abständen eingeschoben. Auf dem Foto lassen neben der Schwanzzeichnung eine ❸ längsgestreifte Unterseite und ein ❹ brauner Oberkopf den Vogel als Weibchen bestimmen.

Normalerweise sind Turmfalken Jäger von Kleintieren, die am Boden leben, vor allem Mäuse verschiedener Arten, aber auch Maulwürfe, Eidechsen und andere. Dafür haben sie unterschiedliche Jagdmethoden. Die auffälligste ist der Spähflug, in dem die Falken fixiert in der Luft stehen. Bei diesem Rütteln an Ort und Stelle steht die Körperachse ❺ stark aufgerichtet

Turmfalke, Weibchen im Streckenflug

in der Luft und wird mit den fast in der Horizontalen schlagenden Flügeln, deren Federn ❻ maximal entfaltet sind, durch das entstehende Gleichgewicht von Hub und Schub am Ort gehalten. Zur Stabilisierung ist der Schwanz bauchwärts ❼ eingeschlagen und breit gefächert. Dabei dreht der rüttelnde Falke den Kopf und sieht sich den Untergrund genau an, um dann, wenn er etwas entdeckt hat, herunterzustoßen, nicht etwa pfeilschnell, sondern so, dass er vor dem Boden nochmals abbremsen kann, um dann im letzten Moment rasch und gezielt zuzupacken. Bei starkem Gegenwind können sich Turmfalken auch normal fliegend auf die Windgeschwindigkeit einstellen, so dass sie mit Flügelschlägen in der Luft gegen den Wind stehen bleiben.

Dieses Rütteln ist eine geniale Jagdmethode und für den Turmfalken so typisch, dass man ihn daran auch aus großer Entfernung sicher identifizieren kann, weil kein anderer Vogel dieser Größe das so perfekt ausführt. Die Methode hat

aber einen Nachteil: Sie ist sehr energieaufwendig. Daher rütteln Turmfalken im Winter oder bei schlechtem Nahrungsangebot selten und verlegen sich auf Jagdmethoden, die weniger Energie fordern. Das sind Spähflug mit Gleiten und Kreisen im Aufwind oder aber geduldiges Ansitzen auf einer Warte, von der aus auf den Boden heruntergestoßen werden kann.

In Städten lebende Turmfalken haben allerdings Schwierigkeiten, ausreichende Jagdgründe für Kleinsäuger zu finden. Sie müssten jeweils größere Strecken bis außerhalb der Stadt zurücklegen. Stadtbewohnende Turmfalken haben sich mit Erfolg auf Kleinvogeljagd umgestellt und können Vögeln bis zur Größe einer Amsel gefährlich werden. Die Zahl der Fehlstöße auf fliegende Vögel ist zwar groß, doch offensichtlich reicht die Nahrungsbeschaffung für Stadtbruten aus. Zur Zeit der Jungenaufzucht im Turmfalkennest gibt es auch viele eben flügge Jungvögel, die leicht zu erjagen sind.

Turmfalke, Weibchen rüttelt

Am Brutplatz

Falken bauen keine Nester, deuten Bauverhalten höchstens an, wenn sie in weicher Unterlage eine Mulde scharren. Wird ein geeigneter Brutplatz über Jahre benutzt, kann sich aus Gewöllen und alten Beuteresten etwas lockeres Material ansammeln. Häufig werden die Eier aber ohne Nistmaterial auf den Untergrund gelegt. Da ist es natürlich wichtig, dass sie nicht weg- oder herausrollen können und immer unter dem brütenden Weibchen bleiben.

Eiablage ohne Nestbau spart Arbeit und Energie und entspannt bei langer Entwicklungszeit der Jungen einen knappen Zeitplan durch Zeiteinsparung. Turmfalkenweibchen brüten mindestens 30 Tage, die Entwicklungszeit der Jungen im Nest dauert etwa ebenso lange. Nach dem Ausfliegen werden die Jungen erst nach 4 Wochen selbständig. Das summiert sich vorsichtig geschätzt zu einem Vierteljahr. Wenn ein Brutversuch fehlschlägt und eine Ersatzbrut folgt oder aus anderen Gründen ein Gelege etwas später gezeitigt wird, könnte es also eng werden. Die Jungen des Jahres müssen im kommenden Herbst oder den Winter über noch ins Alterskleid mausern und vor allem vor Eintritt des Winters in guter Kondition sein, um bis zum nächsten Jahr zu überleben. Eiablage ohne Nestbau stellt aber besondere Ansprüche an einen Platz fürs Gelege. Dieser Herausforderung kann durch Vielseitigkeit, Treue zum einmal gefundenen Brutplatz oder auch durch Zusammenrücken an geeigneten Stellen begegnet werden. Alle Möglichkeiten sind bei Turmfalken zu entdecken. Nestunterlagen können in Höhlen und Nischen von Fels-

wänden, Gebäuden aller Art im offenen Land oder mitten in der Großstadt, Feldscheunen, auf Hochspannungsmasten und Bäumen liegen. Auch alte Elstern- und Krähennester werden belegt, und gelegentlich sind Turmfalken auch Untermieter in großen Weißstorchnestern. Dank der Vielseitigkeit konnte man mit ❶ Nistkästen vor allem für städtische Turmfalken Ersatz für viele ❷ vergitterte Höhlungen in Türmen anbieten und auch mit Erfolg Turmfalken an völlig nischenlosen und glatten, rein funktional geplanten Industriebauten neu ansiedeln. Brutplatzverluste als Folge von Renovierungen und Gebäudesanierungen können so gemildert werden. Bei geeignetem Angebot, z. B. unter großen Brücken, sind Turmfalken-

kolonien entstanden. Turmfalken siedeln sich auch unter Dohlen an und brüteten schon in unmittelbarer Nachbarschaft zu Rabenkrähen. Verteidigt wird nur die unmittelbare Nestumgebung wie bei vielen in Kolonien brütenden Vogelarten. Nahrungsreviere fernab der Nester werden wohl nur in Zeiten knapper Nahrung gegen Artgenossen verteidigt, etwa im Winter.

Nistplatztreue und damit auch Wiederverpaarung von Partnern aus dem Vorjahr ist nachgewiesen. Viele Turmfalken sind auch im Winter in der Nähe der Brutplätze zu sehen. Ein Teil zieht aber nach Südwesten ab und überwintert in einem Gebiet, das von Frankreich über Spanien bis Nordwestafrika reicht.

Turmfalkenweibchen an einem Nistkasten

Sperber

Überraschung, Verfolgung und schneller Zugriff

Etwa 90 Prozent ihrer Ernährung bestreiten Sperber mit Kleinvögeln. Um davon leben zu können, haben sie eine Jagdtechnik entwickelt, bei der Überfall und Überraschung wichtig sind und die schnellen Zugriff fordert. Busch- und gehölzreiche Landschaften mit Deckung für einen Angriff und einem Lebensraum für viele Kleinvögel sind die bevorzugten Jagdgründe. Dazu zählen auch Parks und Gärten, vor allem im Winter mit ihren vielen Futterstellen, die Sperber manchmal bis in die Innenstadt locken. Dort tauchen sie ganz unvermutet auf und sind dann meist rasch wieder verschwunden.

Sperber, Männchen

nach Sekunden wieder vorbei. Man muss versuchen, rasch die wichtigsten Merkmale zu erfassen. Aber oft sind es allein die hastigen Bewegungen im rasanten Tempo, die für eine Diagnose Sperber bereits ausreichen.

Es gibt eine Möglichkeit, wenigstens eine kurze Vorwarnzeit zu nutzen. Singvögel in Garten und Park entdecken den Sperber eher und fangen sofort mit hohen Rufen zu warnen an. Die hohen, fast durchdringenden Piepser sind schwer zu orten, daher auch keine zusätzliche Gefährdung des Rufers. Sie legen sich für einige Sekunden wie ein hochfrequenter Lärmteppich über Büsche und Bäume. Es lohnt sich, sofort nach einem Sperber Ausschau zu halten, denn Fehlalarm gibt es nie. Bei keinem anderen potenziellen Beutefeind funktioniert der Kleinvogelalarm so einhellig bei allen anwesenden Vögeln, gleich welcher Art.

Sperber sitzen aufrecht auf einer Warte. Die Unterseite des Männchens ist auf hellem Grund ❶ rostrot gebändert. In dem verglichen mit dem beim Turmfalken ❷ flachen Kopf sitzen ❸ helle Augen. Männchen zeigen eine ❹ schiefergraue Oberseite, auf der manchmal, wenn die Federn etwas in Unordnung geraten sind, weiße Flecken auffallen.

Ankündigung durch Warnrufe

Sperber sind die kleinsten heimischen Greifvögel, etwa so groß wie Turmfalken. Im Flug können sie mit ihrem langen Schwanz mit Turmfalken leicht verwechselt werden, die Flügel sind aber breiter und stumpfer. Da solche kleinen Unterschiede aber oft schwer zu beurteilen sind, weil sich die Silhouette eines Vogels in Bewegung rasch ändert, muss man auch auf die Flugweise achten. Sperber schalten im Stre-

ckenflug nach wenigen schnellen Flügelschlägen kurze Gleitphasen ein. Oft fliegen Sperber aber nicht hoch in der Luft, sondern kurven in hohem Tempo dicht über dem Boden um Büsche und Hecken, setzen sich kurz auf eine niedrige Warte oder hängen mit breit gefächertem Schwanz an einer dichten Fichtenhecke. Nicht selten poltern sie auch durch lockeres Geäst. Begegnungen mit Sperbern sind meist überraschend und oft schon

Weibchen sind das starke Geschlecht

Sperberweibchen sind deutlich größer als Männchen und wiegen fast doppelt so viel. Ihre ❶ Oberseite ist grau, die helle Unterseite ❷ graubraun gebändert. Über dem hellen Sperberauge sitzt eine weiße ❸ Augenbraue. Warum entgegen der üblichen Gepflogenheit der Weibchen, starke Männchen in guter Kondition zu wählen, Sperberweibchen sich mit kleinen Männchen zufriedengeben, hat schon zu mehreren Hypothesen geführt. Die kleineren Männchen jagen in der Regel kleinere Vögel als die Weibchen. Unterschiedliche Vorzugsbeute könnte im Winter, wenn das Beuteangebot insgesamt schmaler ist, die Nahrungskonkurrenz zwischen den Geschlechtern entschärfen. Die Weibchen nordischer Sperber müssten wegen des günstigeren Energiehaushalts – größere Körper haben relativ geringere Oberfläche – nicht so weit ziehen. Aber warum sind dann die Männchen kleiner? Wahrscheinlich wählen Sperberweibchen kleine Männchen, weil sie im Vergleich zu den schweren Weibchen die gewandteren Jäger sind. Weibchen leben bereits rund 2 Wochen vor der Eiablage von der Beute, die das Männchen einträgt, und müssen daher ihren Körper während der Eibildung nicht durch strapaziöses Jagen belasten. Auch während der Bebrütung des Geleges übernimmt das Männchen die Versorgung. In der ersten Nestlingsphase bewacht und wärmt das Weibchen die Jungen und füttert sie im Nest mit der vom Männchen erjagten Beute. Für die Bebrütung der Eier, Bewachung und das Wärmen der kleinen Nestlinge ist aber Körpergröße von Vorteil, Arbeitsteilung für die Nachkommenschaft also wahrscheinlich der Grund für die unüblichen Größenunterschiede zwischen den Geschlechtern.

Weibchen wählen übrigens Männchen nicht nach Abschätzung der Körpergröße, sondern danach, wie gut sie vor der Brutzeit und Verpaarung von ihnen mit Nahrung versorgt werden.

Besuche ums Haus

Ihre Nester legen Sperber meist in dichten Baumbeständen an. Besonders beliebt sind Stangenhölzer von Fichten, die ausreichend Deckung bieten, aber auch offenen Raum für An- und Abflug freilassen. Da die meisten mitteleuropäischen Sperber keine Zugvögel sind, liegt es nahe, dass sie im Winter ihr heimliches Leben im Wald aufgeben und ihre Jagdgründe dort wählen, wo es die meisten Vögel gibt, nämlich in Dorf und Stadt. Dass sie mit den Singvögeln am Futterhäuschen auch ab und zu einen Sperber mitfüttern, ist vielen Vogelfreunden natürlich ein Ärgernis, aber eben auch ein guter Beitrag zum Artenschutz.

Für Sperber ist die stürmische Jagd nicht ohne Risiko. In jedem Winter kommen einige von ihnen durch Zusammenprall mit Hindernissen um. Besonders gefährlich sind ❹ Glasscheiben mit Durchblick oder Spiegelung. Vogelschlag an der zunehmenden Glasfläche pro Stadtviertel ist zu einer beträchtlichen allgemeinen Gefahr für die Vogelwelt geworden. Die üblichen aufklebbaren Silhouetten von Greifvögeln haben sich als völlig nutzlos erwiesen, da sie weder eine abschreckende Gefahr bedeuten, noch das gläserne Hindernis ausreichend kennzeichnen. Vielfach ist nämlich nicht der Durchblick die Ursache der Täuschung, sondern die Spiegelung der davor liegenden Landschaft. Damit können nur Markierungen vor einer Scheibe einen Unfall vermeiden. Über effektive Lösungen macht man sich immer noch Gedanken.

Sperber, Weibchen

Sperbertod an Glasscheibe

Stockente

Wildente futterzahm

Die Stockente, unsere häufigste Ente und »die Wildente« schlechthin, ist die Stammmutter der Hausente. An vielen Futterstellen drängeln sich Stockenten mit weißen oder abweichend gefärbten Gefiederpartien. Solche fehlfarbenen Enten beweisen die Einkreuzung von Hausenten-Genen. Auch werden Hochbrutflugenten, die als Hausentenrasse der Wildform am nächsten kommen, immer noch in Massen für die Jagd ausgesetzt, so dass ein ausgelesener und genetisch vielfältiger wildlebender Stockentenbestand vielerorts gar nicht mehr vorhanden ist und es bald kaum noch wirkliche Wildenten mehr geben könnte.

Stockentenpaar

Am Flügel tragen Enten meist ein Artkennzeichen wie eine Nationalflagge. Dieser ❸ Spiegel ist bei Stockenten metallisch blau und vorne und hinten breit weiß eingefasst. Wenn die Ente schwimmt, ist er oft von anderen Federn verdeckt und man sieht ihn nicht oder nur teilweise. Er ist bei Männchen und Weibchen gleich und wird vor allem beim Auffliegen gut sichtbar.

Die Männchen tragen am Schwanz 4 dunkle, wie Henkel nach ❹ oben gekrümmte Federn. Diese »Erpellocken« sind auch Bestandteil des menschlichen Prachtkleids als Schmuck an Jagd- oder Trachtenhüten.

Die kleinen Unterschiede

Die Unterschiede zwischen Männchen und Weibchen sind bei Stockenten natürlich groß, jeder kann auf den ersten Blick Erpel und Ente unterscheiden. Aber das gilt nicht für das ganze Jahr, denn das auffallende Prachtkleid tragen die Männchen nur von Herbst über den Winter bis Frühsommer. Das gilt auch für andere Entenarten, und so sieht man im Hochsommer überall nur mehr oder minder braune Enten. Kennzeichen für Männchen und Weibchen, die das ganze Jahr über zuverlässig sind, lassen sich am Schnabel ablesen. Er ist bei Erpeln immer einfarbig, entweder ❶ gelb oder mindestens grünlich gelb, bei den Weibchen ❷ dunkel mit einem mehr oder weniger breiten orangefarbenen Rand.

Stockenten, Erpel

Stockente, Weibchen mit Dunenjungen

Typische Bodennester sind meist gut versteckt. Das Weibchen häuft Pflanzenmaterial aus der nächsten Umgebung an und legt die Mulde mit Dunen aus. Während der Bebrütung des Geleges zieht das brütende Weibchen immer noch Nestmaterial heran. Der immer dichter werdende Dunenkranz stammt von ausfallenden Nestdunen an der Bauchseite des Weibchens. Diese Nestdunen wachsen im Frühjahr heran. Zunächst hält sich der Erpel noch in Nestnähe und begleitet sein Weibchen, wenn es vom Nest fliegt. Allmählich aber verschwindet er und überlässt das Weitere dem Weibchen.

Nach einer Brütezeit von rund 3,5 Wochen schlüpfen die Jungen. Sie sind reine Nestflüchter und tragen ein vollständiges ❶ tarnfarbiges Dunenkleid. Schon nach wenigen Stunden verlassen sie das Nest. Sie laufen zum Wasser, können schwimmen und von der Wasseroberfläche Nahrung aufnehmen. Das Weibchen begleitet die Jungen, führt sie auf dem Wasser nach und nach weiter vom Brutplatz weg, wenn nötig auch über Land. Der Erpel ist in der Regel auch jetzt nicht zu sehen, am ehesten noch bei Stadtenten, von denen wohl viele eine Dauerehe eingehen.

Erst mit 50–60 Tagen sind die Jungen selbständig, können sich aber auch schon vorher ohne das begleitende Weibchen durchschlagen.

Gesellschaftspiel

Beobachtet man Stockenten etwas länger, sieht man, dass bereits im Herbst viele Weibchen schon mit einem Erpel schwimmen, also verpaart sind. In den meisten Fällen überwiegen die Männchen, und im Winter sind oft schon so gut wie alle Weibchen vergeben. Immer wieder aber bemühen sich Männchen, ob ledig oder nicht, sehr intensiv um Weibchen. Es kommt manchmal zu heftigen Verfolgungen auf dem Wasser und in der Luft. Auf dem Wasser formieren sich Männchengruppen um ein Weibchen und balzen. Diese soziale Balz, auch als Gesellschaftsspiel bezeichnet, ist bis in das Frühjahr hinein zu beobachten. Die Erpel führen bestimmte Bewegungen auf dem Wasser aus und lassen bei einem besonders auffälligen Hochschnellen des Körpers einen Pfiff hören. Weibchen schauen zu oder versuchen mit einer Kopfbewegung, ihr Männchen auf andere zu hetzen. Den Winter über finden noch Um- und Neuverpaarungen bis ins Frühjahr statt, aber auch Vergewaltigungen einzelner Weibchen kommen vor. An einem ruhigen Wintertag herrscht viel Bewegung unter den Stockenten auf einem Teich.

Am Brutplatz

Entennester liegen normalerweise auf dem Boden, meist nahe am Wasser. Stockenten bauen ihre Nester aber auch auf erhöhten Unterlagen, etwa einem Baum, in Höhlungen und Nischen von Mauern, in einem Holzstoß oder in einer alten Nestunterlage anderer Vögel. Sie nehmen auch Nistkästen oder Nistkörbe an. Stadtbewohnende Stockentenweibchen entdecken nicht selten außergewöhnliche Nistplätze und führen dann ihre Jungenschar oft unter großer Anteilnahme der Öffentlichkeit auch über belebte Verkehrswege zum Wasser. Kein anderer Wasservogel ist ähnlich vielseitig in der Nistplatzwahl.

Mauserkalender

Das Bild auf dieser Seite ist im Hochsommer aufgenommen. Es zeigt eine Stockente, genauer gesagt, einen Stockerpel im Schlichtkleid. Der einfarbige ❶ grünlich gelbe Schnabel ist ein sicheres Kennzeichen, dass es sich tatsächlich um ein Männchen handelt. Das Gefieder gleicht eher dem eines Weibchens. Bei genauem Hinsehen fällt noch auf, dass gegen das hintere Ende zu ein Flügelspiegel ebenso wenig zu sehen ist wie die ❷ Spitzen der Armschwingen. Der ruhig schwimmende Erpel hat keine Schwungfedern und ist deshalb auch flugunfähig, insgesamt 4–5 Wochen lang.

In der sommerlichen Mauser verlieren alle Enten und ihre Verwandten sowie auch einige andere Wasservögel alle Schwung- und Steuerfedern gleichzeitig und müssen mehrere Wochen überstehen, ohne fliegen zu können. Das ist ohne Zweifel eine kritische Zeit, die einige interessante Folgen hat. Bevor die Stockentenmännchen ihre Schwingen verlieren, mausern sie ihre Körperfedern und legen ein weibchenfarbiges Schlichtkleid an. Das hat ganz offensichtlich Vorteile einer besseren Tarnung, etwa am Ufer. Dann erst fallen die Schwungfedern aus. Wenn sie nachgewachsen sind, legen die Männchen wieder das Prachtkleid an. Dieser verwickelte Prozess zieht sich über Monate hin. Die Erpel beginnen mit dieser Mauser ab Mitte bis Ende Mai. Dieser frühe Beginn ist auch ein Grund, warum sich die Erpel in der Regel nicht mehr um die Jungen kümmern und die Jungenfürsorge den Weibchen überlassen. Weibchen beginnen später mit der Mauser der Schwungfedern, bei frühen Bruten

Stockente, Erpel im Schlichtkleid

erst, nachdem die Jungen selbständig geworden sind, bei späteren warten sie, bis die Jungen die ersten Wochen überstanden haben. Die Weibchen legen kein Prachtkleid an, das bis Herbst fertig sein sollte. Daher ist es für sie kein Nachteil, wenn sich ihre Mauser verzögert.

Wanderungen

Das ganze Jahr über sieht man bei uns Stockenten. An Parkgewässern und Futterplätzen mögen es auch immer dieselben sein, aber draußen verändert sich die Situation mit den Jahreszeiten. Auf ruhigen, geschützten und nahrungsreichen Gewässern sammeln sich schon im Frühsommer größere Stockentenscharen. Das sind in der Regel fast nur Männchen und höchstens wenige Weibchen, die ihre Brut verloren haben. Sie stammen aber wohl nicht alle aus der weiteren Umgebung, sondern haben

zum Teil größere Strecken zurückgelegt. Vor der Flügelmauser suchen viele Enten in teilweise weiten Wanderungen gezielt Mauserquartiere auf, an denen sie bei ausreichender Nahrung die kritische Zeit überstehen können. Dieser **Mauserzug** ist zu einem Schwerpunkt des Schutzes von Wasservögeln geworden, denn im Hochsommer sind viele Gewässer durch den Freizeitrummel maximal gestört. Im Herbst erreichen Gastvögel aus Nord- und Nordosteuropa Deutschland, während viele deutsche Brutvögel in der Nähe des Brutortes überwintern, andere nach Westeuropa ziehen.

Nahrungserwerb

Stockenten können mit dem Brot der Fütterungen allein natürlich nicht überleben. Ihre Ernährung ist äußerst vielseitig und umfasst Kleintiere, grüne Pflanzenteile und Früchte bis etwa zur Größe einer

Stockenten gründeln.

auch ohne Sicht und nachts Nahrung zu sich nehmen. Die gleiche Technik wenden Stockenten auch unter Wasser an, vor allem wenn sie den Schlamm durchseien. Aber sie können nicht tauchen. Den Kopf unter Wasser zu stecken bringt nicht viel an Tiefe. Bei dem im Kinderlied verewigten ❶ Gründeln kippen Stockenten ihre Körperachse nach vorne senkrecht zur Wasseroberfläche, so dass die vordere Körperhälfte ins Wasser taucht, die hintere in die Luft ragt. Mithilfe von ❷ Fußbewegungen müssen sie dann das Gleichgewicht halten. Mit dieser Technik können sie immerhin bis über 40 Zentimeter Wassertiefe erreichen.

Schutz vor Nässe und Kälte

Enten werden nicht nass, weil das Wasser vom besonders dichten und immer gut eingeölten ❸ Gefieder abperlt. Es ist aber auch die Feinstruktur der Federn, die sie wasserabweisend macht. Das besonders dichte Gefieder isoliert bei Kälte. Wenn die ungeschützten Füße auf Eis stehen, sorgt ein kurzgeschlossener Blutkreislauf im Lauf dafür, dass Beine und Füße nicht erfrieren und der Kreislauf aufrechterhalten bleibt.

Eichel. Im Frühjahr dominiert pflanzliche Nahrung, wie überwinternde Triebe von Wasserpflanzen, aber auch junge Blätter von Landpflanzen. In den Sommer hinein machen Wassertiere den größeren Teil aus, vor allem die oft in Massen auftretenden Mückenlarven, aber auch Flohkrebse und kleine Schnecken und Würmer. Im Sommer bieten sich Samen von Wasserpflanzen an, im Herbst wieder Samen von Landpflanzen und im Winter je nach Angebot überwinternde kleine Wassertiere oder grüne Pflanzenteile unter Wasser. Vielseitigkeit der Nahrung setzt auch eine Vielfalt von Methoden und Techniken voraus, Nahrungsangebote möglichst effizient auszubeuten. Stockenten konzentrieren sich dabei vor allem auf die Wasseroberfläche, von der sie Nahrungspartikel abpicken. Eine besondere Technik steht ihnen beim **Schnattern** zur Verfügung, womit

schnelles Öffnen und Schließen des Schnabels gemeint ist, nicht irgendeine Lautäußerung. Stockenten schwimmen langsam dahin und stecken meist unter Seitwärtsbewegungen des Kopfes die Schnabelspitze ins Wasser. Der Schnabel schließt und öffnet sich einen kleinen Spalt und ist damit dauernd in Bewegung. Dabei wird ein raffinierter Mechanismus eingesetzt: Die kolbenförmige Zunge arbeitet als Saug- und Druckstempel. Zieht sie sich zurück, wird vorn am Schnabel ein Wasserstrom eingezogen, drückt sie nach vorne, fließt weiter hinten das Wasser wieder aus dem Schnabel heraus. Das hinausgedrückte Wasser muss aber ein feines Lamellensystem an den Schnabelrändern passieren. Kleintiere, Pflanzen und schwimmende Samenkörner oder Partikel organischen Abfalls bleiben an den Zahnleisten hängen und werden geschluckt. So können Stockenten

Entenfeder: Wasser perlt ab.

Mandarinente

Exot aus dem fernen Osten

Als eine Zierde für Parkgewässer hat man über Jahrhunderte versucht, fremde Wasservögel einzubürgern. Dieser Absicht dient die exotisch bunte Mandarinente ganz besonders. Ihre Heimat reicht von Südostrussland über Nordchina bis Japan. Der bei uns fast zahme Parkvogel ist dort ein scheuer Bewohner großer Ströme und Flüsse. Erstaunlich viele Entenvögel haben es geschafft, sich bei uns als Neubürger zu etablieren. Die Gründe dafür sind, dass sie bunt oder ansehnlich sind, sich in Gefangenschaft relativ leicht züchten lassen und meistens aus der gleichen Klimazone wie Mitteleuropa stammen.

Mandarinente, Weibchen und Männchen

Neu in Mitteleuropa

Bei Wasservogelfütterungen findet der prächtige Mandarinerpel immer besondere Aufmerksamkeit. Er wirkt auch fast wie eine Kunstfigur mit seinem ❶ roten Schnabel, ❷ orangefarbenen Halsseiten, die wie gekämmt aussehen, und den aufgestellten ❸ orangefarbenen Segeln vor dem Heck und manchen weiteren Ornamenten aus Federn. Die grauen Weibchen tragen eine ❹ weiße Brille mit dünnem Bügel. Mittlerweile ist der Ostasiate etablierter Europäer, nicht nur in Parks und im Umfeld großer Städte. Auch abseits siedeln sich immer mehr Paare an.

Mandarinenten in Mitteleuropa stammen aus verschiedenen Aussetzungen. In Großbritannien leben die meisten, aber auch in den Niederlanden und in Belgien wachsen die Bestände; in Österreich waren es nach der Jahrtausendwende schon um die 50 Paare, in der Schweiz brüten ebenfalls regelmäßig einige Paare. Bis maximal 600 Paare schätzte man vor einigen Jahren in Deutschland. Mit der Zahl der (noch) nicht brütenden Vögel, die mittlerweile sogar als einzelne Besucher in die Alpentäler kommen, sind es wohl noch weit mehr. Zahlen sagen aber noch nicht viel, denn sie ändern sich fortwährend,

wie auch bei einigen anderen Neubürgern aus der Entenverwandtschaft. Man muss die Entwicklung sorgfältig verfolgen.

Mandarinenten brüten in Baumhöhlen, aber auch nahe am Boden in Baumstubben oder unter Steinen. Man kann sie auch in Nistkästen ansiedeln.

Die Jungen verlassen sofort nach dem Schlüpfen das Nest und purzeln von höheren Neststandorten herunter. Sie werden dann ans Wasser geführt.

Mandarinenten ernähren sich ähnlich wie Stockenten von der Wasseroberfläche und gründeln auch.

Nilgans

Ein Afrikaner in Mitteleuropa

Nilgänse sind heute in Afrika südlich der Sahara weit verbreitet und kommen auch im südlichen Niltal vor. Ihre Geschichte in Deutschland beginnt 1981 mit der ersten Brut am Niederrhein. Dorthin sind die afrikanischen Gänse nicht von selbst gekommen, sondern sie stammen von Aussetzungen und Gefangenschaftsflüchtlingen aus den Niederlanden. Der also vom Menschen verfrachtete Neubürger breitete sich vor allem in Nordwestdeutschland rasch aus. 1996 brütete auch in Bayern das erste Paar. Rund 5000–7500 Brutpaare schätzte man um 2009 in Deutschland.

Nilgans, Altvogel mit Dunenjungen

Alles im Fluss

Die Zunahme hält an, obwohl schon tausende Nilgänse in Norddeutschland geschossen wurden. Diese Entwicklung ist nicht ganz unproblematisch, denn Nilgänse mit Jungen sind sehr aggressiv, und das könnte sich für heimische Mitbewohner unter den Wasservögeln in deren angestammten Lebensräumen ungünstig auswirken. Auf sogenannte aggressive Neubürger (Neozoen) sollte man ein Auge haben.

Nilgänse brüten auf Bäumen, auch in Nestern von anderen Vögeln, ferner auch am Boden, in unterschiedlichen Höhlungen oder auf Gebäuden, meist nicht weit vom Wasser entfernt, aber manchmal in beachtlicher Bodenhöhe. Bruten können zu fast allen Jahreszeiten bei uns stattfinden, die meisten werden zwischen April und Juli begonnen. Anders als bei Enten führen und verteidigen beide Eltern ihre Jungen, die etwa 70–75 Tage benötigen, bis sie flügge werden. Die Familien bleiben aber noch länger beisammen. Nilgänse sind überwiegend Vegetarier und leben von Gräsern, Samen und Blättern und nehmen auch Kartoffeln und Speiseabfälle.

Sie sind im Wasservogelmix an großen Futterstellen am leichtesten am dunkel rotbraunen ❶ Augenfleck zu erkennen. Im Flug fällt ein großes weißes Feld im Vorderflügel auf. Männchen und Weibchen sind gleich gefärbt und gezeichnet. Die bisher an beringten Vögeln festgestellten Wanderungen deuten an, dass lebhafter Austausch zwischen den Niederlanden und Nordwestdeutschland stattfindet und gelegentlich auch größere Strecken zurückgelegt werden. Für regelrechten Zug gibt es aber keine Hinweise. Es handelt sich wohl um Zerstreuungswanderungen, die aber zu weiteren Ansiedlungen führen können. Die Entwicklung bleibt spannend.

Graugans

Stammmutter der Weihnachtsgans

Ursprünglich gab es wildlebende Graugänse nur in Norddeutschland. Westlich der Elbe haben Bejagung und Zerstörung von Brutplätzen die Brutvorkommen fast ganz ausgelöscht. Dann fanden ab Mitte des vorigen Jahrhunderts an verschiedenen Stellen über viele Jahre hinweg Auswilderungen und Ansiedlungsversuche statt, die zusammen mit Haltung freifliegender Gänse ein voller Erfolg wurden. Innerhalb kurzer Zeit haben sich viele Neuansiedlungen entwickelt und der Bestand ist rasch gewachsen. Graugansherden, die keine Scheu vor Menschen zeigen, haben sich an manchen Badeseen unbeliebt gemacht.

Wechselreiches Gänsejahr

Graugänse sind reine Vegetarier und weiden daher meist an ❶ Land. Ihr ❷ kräftiger Schnabel hat gröbere Lamellen als bei Enten (s. S. 151), mit denen sie in seitlicher Kopfhaltung Gras sogar in Büscheln abbeißen können. Die Schlafplätze liegen in der Regel im Wasser, so dass tägliche Pendelflüge für manche Gänseherden typisch sind. Der Bestand ist in manchen Gebieten rasch gewachsen. In Deutschland schätzt man derzeit den Gesamtbestand auf etwa 30 000 Brutpaare. Dazu kommen aber noch viele Graugänse, die in einem Jahr nicht brüten. Die Nester stehen meist nahe am Wasser, besonders auf Inseln, die Sicherheit vor vierbeinigen Nesträubern versprechen. An günstigen Stellen rücken mehrere Paare zu Brutkolonien zusammen. Röhricht, Büsche und höhere Vegetation dienen als Nestdeckung. Die Weibchen brüten, beide Partner kümmern sich um die nestflüchtenden Jungen, die nach rund zwei Monaten flügge werden. Die Familie hält aber noch länger zusammen.

Kompliziert sind die Wanderungen. Da auch Graugänse in der Mauser alle Flügelfedern verlieren, suchen sie **Mauerquartiere** auf. Die Vögel der ursprünglichen Wildpopulation in Nordostdeutschland sind richtiggehende Zugvögel, deren Mauergebiete teilweise im Westen liegen. Viele kehren nach der Mauser wieder zurück und wandern dann auf dem Herbstzug nach Südwesten bis Frankreich und Spanien, einige auch nach Italien oder sogar über das Mittelmeer. Im Herbst kommen wildlebende Graugänse aus Nord- und Nordosteuropa nach Mitteleuropa, bleiben aber hier nicht alle über den Winter, sondern ziehen zum Teil ebenfalls nach

Südwesten. Die eingebürgerten Graugänse sind im Unterschied dazu meistens Standvögel, die sich als halbzahm auf Parkwiesen, landwirtschaftlich genutzten Flächen und auch an Winterfütterungen durchschlagen. Keine Regel ohne Ausnahme: Manche dieser eingebürgerten Graugänse und ihrer Nachkommen wechseln im Herbst auch über größere Entfernungen ihren Standort, zumindest innerhalb von Mitteleuropa.

Auch auf der Weide sind Graugänse wachsam.

Kanadagans

Neubürger mit Vergangenheit in Europa

Im 18. Jahrhundert wurden Kanadagänse aus Nordamerika in Großbritannien eingebürgert, in Schweden brüteten die ersten 1933. Brütende Parkvögel gab es in Deutschland vorübergehend schon in den 1920er-Jahren. Aussetzungen, Flüchtlinge aus Wasservogelhaltungen sowie verwilderte Parkvögel stehen am Anfang der Geschichte der Gans aus Amerika in Europa. Sie lebt daher auf Parkseen und Gewässern im städtischen Umfeld. Mittlerweile schätzt man den deutschen Brutbestand auf mehrere Tausend Paare, und wie reine Wildvögel leben Kanadagänse auch auf natürlichen Gewässern, die meisten in Nordwestdeutschland.

Ein Paar Kanadagänse

sehen. Man hat bei den diversen Aussetzungs- und Einbürgerungs-aktionen verschiedene Unterarten der Kanadagans unbekümmert vermischt. Zwischen der über den Atlantik gebrachten amerikanischen Gans und der alteingesessenen europäischen Graugans gibt es bereits Bastarde. Es bleibt ungewiss und spannend, wie sich die weitere Entwicklung im Sinne der Erhaltung der Artenvielfalt auswirkt. Für manchen Naturfreund aber haben Gänseeinbürgerungen nichts mit Naturschutz zu tun, denn die Natur verkommt dadurch zu einem Zoo. Die eingebürgerten Kanadagänse sind Standvögel, wechseln aber je nach Jahreszeit ihre Standorte über kürzere Entfernungen. Einige Vögel unternehmen einen Mauserzug, um dann wieder an ihren Brutplatz zurückzukehren. In Schweden ausgesetzte Kanadagänse kommen im Winter nach Deutschland. Zwischen Deutschland und den Niederlanden gibt es regen Austausch. Ob sich ein stabiles System von Wanderungen entwickelt, ist noch offen.

Diskussion um eine Gans

Bräunlicher ❶ Körper, weißes Heck, ❷ langer schwarzer Hals und weißes ❸ Feld am Kopf sind die charakteristischen Merkmale. Kanadagänsen haben sich in Deutschland wie auch in einigen anderen Ländern Europas etabliert und sind zu einem festen Bestandteil der heimischen Tierwelt geworden. Die Bestände vermehren sich immer noch. Wie bei halbwilden Graugänsen gibt es auch mit Ka-nadagänsen an Bade- und Freizeit-plätzen Probleme. Große Vögel, die so gut wie ausschließlich Vegetarier sind, müssen viel pflanzliche Substanz aufnehmen und produzieren auch erhebliche Mengen an Endprodukten der Verdauung. Nun will man mit Hightech wie Drohnen-einsätzen die ungeliebten Nutzer von Liegewiesen und Parkrasen vertreiben. Auch biologisch sind die freilebenden Bestände der amerikanischen Gans kritisch zu

Höckerschwan

Überall erfolgreich eingebürgert

Höckerschwäne zählen zu den schwersten und größten Vögeln Europas. Ihre imposante Gestalt verbunden mit dem strahlenden Weiß des Gefieders hat ihnen königlichen Schutz, Rollen in Sagen und Opern und auch großes Interesse in Stadt- und Parkverwaltungen verschafft. Schwäne sind mit Ausnahme des Ostens in allen Gebieten Mitteleuropas vom Menschen eingebürgert, also keine ursprünglichen Wildvögel, auch wenn sie sich manchmal ausgesprochen wild verhalten und harmlose Badegäste attackieren. Trotzdem: Die Zierde von Gewässern aller Art darf sich großen öffentlichen Interesses sicher sein.

Höckerschwäne an einer Futterstelle im Februar

Beobachtungen am Futterplatz

Bei Wasservogelfütterungen kann man interessante Entdeckungen machen. An der einen Futterstelle drängeln sich rund 30 Höckerschwäne, kein Jungvogel im ersten Lebensjahr ist dabei. Nur ❶ zwei noch nicht ausgefärbte Altvögel mit bräunlichen Federn sind zu erkennen, wahrscheinlich Schwäne im zweiten Lebensjahr. Ob sich noch der ein oder andere mehr darunter befindet, kann man nicht genau ausmachen, da nicht alle Rücken zu sehen sind. Anhand der Schnäbel ist eindeutig zu erkennen, dass sich kein Nachwuchs des Jahres im Jugendkleid unter den Vögeln befindet. Dieses Missverhältnis von alt zu jung ist typisch für dicht

drängelnde Schwanengruppen. Viele der Vögel kommen gar nicht zu einer Brut und wenn, dann gibt es in dicht gepackten Brutkolonien nur wenig Nachwuchs.

Der andere Fall: Ein ❷ Paar führt 5 Junge, die Familie bleibt noch, wie bei Höckerschwänen üblich, bis in den Winter hinein zusammen. Einzeln brütende Schwanenpaare haben mehr Nachwuchs als Koloniebrüter.

Die Beachtung weiterer Futtergäste zeigt ❸ Lachmöwen im Schlichtkleid, ❹ wildfarbene Stockenten und einige mit weißen Federpartien, die Einkreuzung von Hausenten-Genen anzeigen, ❺ einen Trupp Rabenkrähen und ❻ Straßentauben. Im Hintergrund weiden ❼ zwei Graugänse.

Gäste einer Futterstelle im September

Schwanenpaare

Gepaarte Höckerschwäne halten über eine Brutzeit zusammen und bleiben meistens auch danach gemeinsam bei ihren Jungen. Vielfach wurde den Schwänen lebenslange Partnertreue nachgesagt. Wie bei manchen anderen Vogelarten kommt sie aber im Wesentlichen dadurch zustande, dass sich Männchen und Weibchen immer wieder am selben Brutplatz treffen oder das Jahr über dort bleiben. Brutplatztreue führt zur Partnertreue. Das gilt auch für Höckerschwäne. In einer Langzeitstudie wurde beobachtet, dass rund 40 Prozent der Paare Revier und Partner ein Leben lang behielten, je etwa 20 Prozent der Männchen und Weibchen wechselten einmal nur den Partner, etwa 25 Prozent sowohl Revier als auch Partner und etwa 10 Prozent zusammen mit dem alten Partner das Revier. Bei reiner Partnertrennung waren je über 35 Prozent der Fälle das Männchen oder das Weibchen der Grund, Tod eines Partners veranlasste bei Männchen und Weibchen je zwischen 10 und 20 Prozent eine Neuverpaarung. Es ist

Höckerschwan, Paar in aggressiver Stimmung

also alles möglich, fast wie bei Menschen.

Männchen und Weibchen sind nicht zu unterscheiden. Der schwarze ❶ Stirnhöcker ist beim Männchen zumindest in der Balz und Brutzeit meist etwas größer als beim Weibchen. Im Bild scheint also der vorne schwimmende Vogel ein Männchen zu sein. Das Paar ist offensichtlich etwas aggressiv gestimmt. Die im Schwimmen ❷ angehobenen und etwas abge-

stellten Flügel dokumentieren ein an den Gegner gerichtetes Imponierverhalten. Höckerschwäne drohen damit nicht nur Artgenossen, sondern auch artfremden Eindringlingen ins Revier, Menschen eingeschlossen. In voller Aggression werden die Flügel dann wie Segel aufgestellt und der Gegner angeschwommen.

Schwanengesang

Bevor ein Schwan stirbt, stimmt er einen wundervollen Gesang an. Dieses mythologische Bild hat sich bis heute gehalten. Es gibt zwar einen Singschwan, doch er ist Brutvogel im hohen Norden und war den alten Griechen sicher nicht bekannt. Höckerschwäne können nicht singen, sie gelten sogar als stumm. Tatsächlich aber kann man von ihnen gurgelnde und pfeifende Laute hören. Fliegende Höckerschwäne erzeugen ein weithin hörbares singendes Fluggeräusch. Typisch für fliegende Schwäne ist der ❸ durchgebogene lange Hals, der ihr Flugbild von kurzhalsigeren Gänsen unterscheidet.

Höckerschwan

Am Brutplatz

Höckerschwäne brüten erst nach 3–4 Jahren das erste Mal, selten früher. Da reine Vegetarier dieser Körpergröße viel Nahrung brauchen und auch die heranwachsenden Jungen davon leben müssen, zudem in Standvogelpopulationen das Schwanenpaar oft das ganze Jahr über am Ort bleibt, verteidigen die Männchen meist große Reviere. Bei hoher Schwanendichte ist das jedoch nicht mehr möglich. Zahme und halbwilde Schwäne verfügen oft nur über kleine Reviere, oder es kommt zur Bildung von regelrechten Brutkolonien. In solchen Fällen ist jedoch, wahrscheinlich mangels ausreichender Nahrung, der Bruterfolg sehr viel niedriger als bei Einzelbrütern, und viele Paare bringen keine Jungen hoch.

Das ❶ Nest steht am Ufer oder auf einer Insel meist dicht am ❷ Wasser auf trockenem Untergrund. In der Regel ist es ein mächtiger Bau aus Schilf, Binsen und anderen Pflanzen, die Mulde wird mit feinerem Material, später auch mit Dunen ausgelegt. Einmal gewählte Nistplätze sind oft über viele Jahre

Höckerschwan setzt sich aufs Gelege.

besetzt. Das Männchen schafft das Material heran, das das Weibchen dann verbaut. Mindestens 5 Wochen bebrütet das Weibchen die 5–8 Eier des Geleges. Das Männchen wacht in der Nähe, setzt sich auch manchmal bei Abwesenheit des Weibchens auf die Eier. Das Gelege wird mit Dunen abgedeckt, wenn keiner der Partner am Nest ist.

Innerhalb eines Tages nach dem Schlüpfen verlassen die Jungen das Nest und werden von beiden Eltern geführt. Das Männchen bewacht und verteidigt die Familie, führt die Familie daher weniger, sondern schwimmt hinterher. Die Jungen leben von Wasserpflanzen, die ihnen die Altvögel auch ausrupfen. Fremde Junge werden angegriffen und sogar mitunter getötet. Nach 120–150 Tagen sind die Jungen flügge. Sie werden dann von den Eltern oft aus dem Revier vertrieben. Bei ziehenden und wandernden Schwänen folgen die Jungen den Eltern ins Winterquartier.

Der Dunenpelz der Jungen ist im Normalfall ❸ grau. Es wird aber auch eine Farbvariante vererbt, die wahrscheinlich früher gezüchtet wurde. Bei ihr haben die Jungen kein schwarzes Pigment und sind ❹ weiß. Die Beine von Vögeln dieser Variante sind ❺ rosa fleischfarben bis lila, bei normal gefärbten Jungen ❻ mehr bleigrau. Als Altvögel kann man die ehemals weißen Jungschwäne an hellen Beinen und Schwimmhäuten erkennen, bei normal gefärbten sind sie grauschwarz.

Höckerschwan, weiße und graue Junge

Blässhuhn

Verträglicher als meist vermutet

Blässhühner sind aufmerksam, verhalten sich auffällig, äußern sich lautstark und kämpfen heftig an Revier-grenzen. Das hat ihnen den Ruf eingebracht, aggressiv gegenüber anderen Wasservögeln zu sein, vor allem gegenüber Enten. So kam es, dass sie bei Jägern als unverträglich gelten. An der Futterstelle stibit-zen Blässhühner Schwänen und Enten schon mal das Futter. Andererseits werden sie selbst Opfer von Enten, wenn sie mit einem Bündel Algen im Schnabel wieder auftauchen. Oft legen Enten ihre Nester in die Nähe von Blässhuhnnestern, um von der Wachsamkeit der Wasserhühner zu profitieren.

Vielseitiger Wasservogel

Blässhühner sind leicht zu erken-nen. Ihr Gefieder ist ❶ ruß- oder schiefergrau, der ❷ Kopf schwarz. Ein weißer, spitz zulaufender Schnabel und ein ❸ weißes Stirnschild heben sich davon ab. Der Körper wirkt gedrungen und ❹ rundlich. Auch am Profil kann man die schwimmenden Vögel gut von Enten unterscheiden. Sie schwimmen mit leicht nickenden Kopfbewegungen und wirken in mancher Hinsicht wie Hühner, sind aber keine, sondern gehören zu den Rallen. Daher liest man manchmal auch den Namen Bläss-ralle. Blässhühner waren immer sehr volkstümlich und haben daher bodenständige Namen, wie Was-

Blässhuhn, Altvogel

serhuhn, in Norddeutschland Lietze oder Zippe, in Süddeutschland Duckente. Blässhühner können

fliegen, schwimmen, tauchen und laufen, Letzteres sogar ❺ über Wasser, unterstützt von kräftigen Flügelschlägen. Sie haben keine Schwimmhäute wie Enten, son-dern ❻ Schwimmlappen an ihren langen Zehen. Sie setzen zum Tau-chen mit einem kleinen Sprung an und schnellen beim Auftauchen wie ein Korken aus dem Wasser. Zum Auffliegen vom Wasser oder von Land nehmen sie immer ei-nen Anlauf.
Sie sind Allesfresser und suchen sich ihre Nahrung sowohl auf wie unter Wasser, weiden auch auf Grünland und drängeln sich an Futterstellen.

Blässhuhn nimmt Anlauf zum Abflug.

Am Brutplatz

Blässhühner sind vorsichtig und halten sich fast immer auf Distanz zu Menschen. Am winterlichen Futterplatz in Gesellschaft anderer Wasservögel sind sie in der Regel am wenigsten zutraulich. Trotzdem lassen sie sich gut beobachten, da sie sich gern auf der freien Wasserfläche aufhalten. Zur Brutzeit kann man vom Wasser her oft auch die brütenden Altvögel auf den ❶ Nestern entdecken, die im Seichtwasser an Halmen oder ❷ Ästen verankert und wenn möglich im Röhricht versteckt sind, aber dennoch als ansehnliche Bauten auffallen. Aus ❸ Pflanzen der Verlandungszone oder vom nahen Ufer wird eine aus dem Wasser ragende Plattform gebaut, zu der oft eine Rampe hinaufführt. Sie entsteht ganz von selbst, wenn Baustoffe immer aus einer Richtung zum Nestplatz transportiert werden. Den Nestboden legt das Männchen an, an der Auskleidung der Mulde beteiligt sich auch das Weibchen. Ganz zu Anfang der Nestkonstruktion trampeln die Männchen mit ihren großen Füßen auf den Untergrund und klatschen

Blässhuhn beim Nestbau

ihn fest. Damit ist der Standplatz des Nestes dann solide vorbereitet. Manchmal wird gegen Ende der Bautätigkeit sogar noch eine Dachkonstruktion über das Nest gezogen. Oft baut einige Zeit später gegen Ende der Brütezeit das Männchen noch ein Ruhenest als flache Plattform im Wasser, auf die die Jungen dann leicht hinaufklettern können.

Das Gelege enthält fünf bis zehn Eier. Beide Geschlechter wechseln sich in der Bebrütung ab, die mindestens drei Wochen dauert. Die geschlüpften Jungen sind weniger extreme Nestflüchter als junge Enten. Nach dem Schlüpfen liegen die Jungen zunächst kraftlos im Nest und müssen noch gewärmt werden. In den folgenden Tagen bleibt ein Teil von ihnen meist noch im Nest, andere kehren nach kurzen Ausflügen auf das Wasser wieder ins Nest zurück und werden dann gewärmt. Tauchen können die Jungen nach 5–6 Tagen. Übernachtet wird im Brutnest oder auf dem flachen Ruhenest. Nach einigen Tagen übernehmen auf dem Wasser Männchen und Weibchen je einen Teil der Jungen, führen und füttern sie noch 4–5 Wochen. Erst mit etwa 8 Wochen sind sie flugfähig und völlig unabhängig.

Nachwuchs

Auch das ❶ Dunenkleid junger Blässhühner ist schwarz. In der ersten Lebenswoche fällt der bunte Kopf auf. Schnabel und eine unbefiederte ❷ Platte an der Stirn leuchten rot. Der fast federlose,

Brütendes Blässhuhn

blaurote Kopf ist von ❸ rötlichen, haarähnlichen Federn umgeben, die Schnabelspitze weiß abgesetzt. Dieses auffällige Färbungsmuster liefert für die fütternden Altvögel wohl Signalreize, ähnlich wie die Sperrrachen der Singvogelnestlinge (s. S. 82). Man hat beobachtet, dass Altvögel auch fremde Junge in ähnlichem Stadium füttern. Sogar Adoptionen kommen vor, was für die Wirkung des Farbsignals spricht. Anfänglich picken die Jungen von der Seite her an den Schnabel der Altvögel und lernen erst nach einiger Zeit, nur dann zu picken, wenn er Nahrung enthält. Nach 3 Wochen, so nimmt man an, kennen die Jungen ihre Eltern persönlich und weichen fremden Altvögeln, denen sie über den Weg schwimmen, aus. Nach gut 2 Wochen hat sich das Gesicht des Jungvogels bereits verändert, der Schnabel ist im Verhältnis zu Kopf und Hals deutlich gewachsen und ein dunkles Band zeichnet sich darauf ab. Der ❺ Kopf hat an auffälliger Färbung verloren. Noch 2–3 Wochen später sind die bunten Farben ganz verschwunden. Der ❻ Vorderhals trägt helle Dunen, der Schnabel ist verblasst und hat eine ❼ schwarze Binde, von einem weißen Stirnschild der Altvögel ist noch nichts zu sehen. Farblich hat das Junge in diesem Stadium schon das Jugendkleid angelegt, das man noch bis weit in den Herbst sehen kann. Aber noch sind es im Wesentlichen ❽ Dunen, die den Körper bedecken. Im Jugendkleid mit grünlichgelbem Schnabel kann der Vogel bereits fliegen, das Federkleid besteht aus fertig ausgebildeten Körperfedern.

Junges Blässhuhn, etwa 4 Tage alt

Junges Blässhuhn, mindestens etwa 1 Woche alt

Blässhuhn, Jungvogel überwiegend noch im Dunenkleid

Lebensraum und Bestand

Blässhühner zählen zu den häufigsten Wasservögeln Mitteleuropas. Sie brüten fast an allen Stillgewässern mit flachen Uferzonen, auch an künstlichen, wie Stauseen, Tagebaugewässer, Baggerseen, Sand- und Kiesgruben. An Fließgewässern findet man sie kaum. Wichtige Voraussetzungen für eine Brut sind nicht nur Uferzonen oder Inseln, in deren Flachwasserzone sich etwas Röhricht ansiedeln kann, sondern vor allem auch ruhige Uferabschnitte. Langfristig gesehen geht es einem Allesfresser, der von Land- und Wasserpflanzen, aber auch von einer Vielfalt von kleinen Wassertieren leben kann, nicht schlecht. Blässhühner haben im vorigen Jahrhundert durch Anlage von Stauseen und anderen künstlichen Gewässern, aber auch durch den Eintrag von Nährstoffen in Gewässer profitiert. Damit sind jedoch wieder Probleme verbunden. Verbesserung der Wasserqualität, großräumiger Schwund von Schilf, Verbauungen an Gewässerufern und ihre zunehmende Beunruhigung haben zu regionalen Bestandseinbrüchen geführt. Ein Vogel, der an der Nahtstelle von Wasser und Land lebt, hat es heute schwerer als früher.

Wanderungen

Blässhühnern kann man das ganze Jahr über begegnen. Regelmäßige Besuche an größeren Gewässern zeigen, dass sich ihre Anzahl mit den Jahreszeiten stark ändert und oft die größten Mengen außerhalb der Brutzeit zu sehen sind. Es sind also viele Blässhühner nur Rastvögel mit mehr oder minder langer Verweildauer. Die Zahlen überwinternder Blässhühner haben sich seit rund 40 Jahren nicht wesentlich verändert. Im Detail sind aber interessante Entwicklungen zu beobachten.

Nach der Brutzeit stellt sich auch Blässhühnern wie Stockenten (s. S. 150) und anderen Arten aus der Familie der Entenvögel das Problem, mit der Mauser fertig zu werden. Auch bei ihnen fallen die Schwungfedern gleichzeitig aus, so dass sie etwa 4 Wochen flugunfähig sind. Über Mauserzüge wie bei

den Enten wissen wir nichts, aber vor der Mauser werden wohl auch Blässhühner Gewässer aufsuchen, an denen sie möglichst ungestört bei ausreichender Nahrungsgrundlage die kritische Zeit überstehen können. Die Vollmauser nach der Brutzeit beginnt bei Nichtbrütern schon im Juni/Juli und endet mit den letzten im September/Oktober.

Danach taucht die Frage nach dem Winterquartier auf. In Deutschland brütende Blässhühner sind **Teilzieher**, viele bleiben also im Winter in der Nähe der Brutgebiete. Für Zugvögel lassen die Beringungsergebnisse vermuten, dass ihr Anteil abnimmt, aber auch, dass die Entfernungen bis zu einem Winterquartier kürzer werden. Beides könnte mit zunehmender Zahl milder Winter zu tun haben. Das Überwinterungsgebiet von Blässhühnern, die zur Brutzeit in Deutschland waren, reicht vom Süden Englands bis nach Tunesien, norddeutsche Vögel mehr im Norden, süddeutsche weiter im Süden.

Frankreich nimmt die meisten auf. Im Winter sind Blässhühner aus Norwegen, Finnland und dem Baltikum in Deutschland gefunden worden. Das entspricht einem Einflug aus Richtung Nordosten. Zur Zugzeit kommen im Frühjahr weitere Vögel aus südlicheren Überwinterungsgebieten durch, die in Nordosteuropa brüten.

Trotz verschiedener Strategien, die Winter zu überstehen, stellt sich heraus, dass die Brutbestände von Jahr zu Jahr stark schwanken. Das hat wohl mit Winterverlusten zu tun.

Mit nur einem Fuß auf dem Eis stehend zu schlafen , spart Energie, hilft aber nicht über längere Kälteperioden.

Schlafende Blässhühner im Winter

Teichhuhn

Der Vogel mit den langen Zehen

Wie Blässhühner brüten auch Teichhühner an ganz unterschiedlichen Typen stehender oder langsam flie-
ßender Gewässer, besonders an nährstoffreichen. In vielen städtischen Parkanlagen sind sie regelmäßige
Gäste und Brutvögel und dort oft sehr gut das ganze Jahr über zu beobachten. Sie schwimmen mit nicken-
dem Kopf, halten sich aber meist nahe am Ufer, vor allem wenn es gute Deckung bietet. In ufernahen
Büschen können Teichhühner dank ihrer langen Zehen, die mehrere Zweige umgreifen, umherklettern; mit
Flügelschlägen halten sie dabei das Gleichgewicht. Sie suchen auch an Land nach Nahrung.

Teichhuhn, Altvogel

fekt, aber erlaubt ein Leben auf
dem Land und dem Wasser sowie
in der Vegetation, die dazwischen
wächst.
Teichhühner sind deutlich kleiner
als Blässhühner. Sie haben einen
❶ roten Schnabel mit rotem
Stirnschild und gelber Spitze. Der
❷ braun getönte Rücken ist durch
eine ❸ unterbrochene weiße
Flankenlinie von der ❹ schiefer-
grauen Unterseite abgesetzt. Die
äußeren ❺ Unterschwanzdecken
sind weiß. Man sieht sie als ein auf
dem Kopf stehendes weißes »V«,
wenn der Vogel beim Schwimmen
den kurzen Schwanz stelzt. Die
grünlichen Beine tragen ❻ über-
lange Zehen ohne Schwimmhäute.
Teichhühner sind Teilzieher. Viele
von ihnen überwintern in Mitteleuropa, andere ziehen nach Frankreich, Italien und Spanien. Es
scheint so, als ob der Anteil der
Überwinterer bei uns neuerdings
zunimmt. Die Brutbestände
schwanken, da harten Wintern
Bestandseinbrüche folgen.

Randfigur an Wasser und Land

In städtischen Parkanlagen zeigen
sich Teichhühner ohne Scheu, halten sich aber bei Fütterungen lieber etwas abseits und fallen in
bunten Wasservogelscharen durch
ihr eher bescheidenes Verhalten
wenig auf. Draußen am See oder
im Altwasser am Fluss ist es weit
schwieriger, sie zu Gesicht zu bekommen, da sie sich gut in der
Vegetation verstecken. Was ihre
Bewegung anbelangt, sind sie
noch vielseitiger als die mit ihnen
verwandten Blässhühner. Sie laufen mit langen Schritten auf dem
Land, rennen bei vermeintlicher
Gefahr schnell in Deckung, schreiten behutsam über Schwimmblät-
ter von Seerosen ohne einzusin-
ken, weil sich das Körpergewicht
über die langen Zehen verteilt; sie
schwimmen, allerdings etwas mühsam, weil sie keine Schwimmlappen oder Schwimmhäute tragen,
tauchen kurz und meist nur bei
Gefahr, können über die Wasseroberfläche zu einem Fluchtlauf
starten und schließlich auch in Büschen klettern. Manches ist wie bei
Vielseitigkeitssportlern verglichen
mit Leistungssportlern nicht per-

Lachmöwe

Die häufigste Möwe im Binnenland

Wenn irgendwo an einer Flussbrücke in der Stadt, an einer Anlegestelle für Linienschiffe am Seeufer oder an einem winterlichen Parksee Möwen um Futterbrocken wirbeln oder auf einem Geländer sorgfältig aufgereiht sitzen, handelt es sich meistens um Lachmöwen, auch wenn die Vögel bei eingehender Musterung unterschiedlich aussehen. Ihr Keckern, Krächzen und Kreischen hat nichts gemein mit dem voll klingenden Jauchzen der viel größeren Silbermöwen an der Küste, das im Fernsehspiel immer dann zu hören ist, wenn eine Szene am See- oder Flussufer akustisch unterlegt wird.

Lachmöwen im Winter

Die kleinen Unterschiede

5 Lachmöwen im Schlichtkleid sitzen nebeneinander. Die Aufnahme muss also im Winterhalbjahr gemacht worden sein, denn schon ab etwa September/Oktober tragen Lachmöwen weiße Köpfe mit einem ❶ schwarzen Fleck hinter dem Auge. Dazu kommt noch ein dunkler Streifen im Nacken, den man aber nur bei ❷ zwei Vögeln andeutungsweise sehen kann. Eine Möwe hat mehr ❸ dunkle Federn am Kopf, eine dunkle Gesichtsmaske ist angedeutet. Das ist ein Altvogel, der entweder die Federn am Kopf noch nicht fertig vermausert hat und noch Reste vom Prachtkleid trägt, oder schon mit der Mauser des Kopfgefieders für

die kommende Brutsaison begonnen hat, je nachdem, wann die Aufnahme gemacht worden ist. Alle Möwen sind übrigens mehr als ein Jahr alt, also nicht im vorausge-gangenen Sommer geboren. Das sieht man an den ❹ roten Beinen und den ❺ roten Schnäbeln mit dunkler Spitze. Bei Jungvögeln im ersten Jahr wären die Beine gelblich bis fleischfarben.

Im März ist die braune ❻ Kopfmaske des Prachtkleids schon fast vollständig, der ❼ Schnabel nun auch an der Spitze rot.

Am Brutplatz

Lachmöwen beginnen mit ihrer ersten Brut erst im dritten Kalenderjahr, also am Ende ihres zweiten Lebensjahres. Im Prachtkleid tragen sie eine ❶ braune Kopfmaske, die aus weiter Entfernung auch schwarz wirkt. Die ❷ Augen sind weiß eingesäumt, ❸ Schnabel und Beine dunkelrot.

Lachmöwe in der Mauser zum Prachtkleid

Lachmöwen leben das ganze Jahr über gesellig. Im Sommer brüten sie meist in großen, dicht gepackten Kolonien, die heute nur noch in Naturschutzgebieten oder solchen Uferpartien eine Chance haben, die während Frühjahr und Sommer geschützt und von Störungen frei sind. Die Brutbestände schwanken sehr stark von Jahr zu Jahr, in Deutschland registriert man seit den 1980er-Jahren eine Abnahme. In den Kolonien ist das Zusammenleben dadurch geregelt, dass nur um das Nest ein Gebiet mit einem Radius von etwa 40 Zentimetern gegen den Nachbarn verteidigt wird. Besteht zwischen zwei benachbarten Nestern der doppelte Abstand, ist friedliches Nebeneinander geregelt. Ist der Abstand kleiner, kommt es zwangsläufig immer wieder zu Auseinandersetzungen. Die Vögel einer Kolonie verteidigen gemeinsam den Brutplatz gegen Feinde, müssen aber mitunter weit entfernt nach Futter für die zahlreichen Jungen suchen. Ergiebige Futterquellen, z. B. Regenwürmer und Insektenlarven im Boden oder in Massen schwärmende Insekten in der Luft, werden rasch entdeckt und dann gemeinsam genutzt. Die Gemeinsamkeit hat trotz aller Schwierigkeiten Vorteile. Große Kolonien halten sich, falls der Platz nicht zerstört oder das Umfeld nicht einschneidend verändert wird, über Jahrzehnte an einem Ort. Ansiedlungen von einzelnen oder wenigen Paaren sind dagegen meist nicht von langer Dauer.

Die Jungen sind weder Nesthocker noch reine Nestflüchter, man bezeichnet sie als **Platzhocker**. Sie tragen ein Dunenkleid, verlassen zwar das Nest im Alter von einigen Tagen, können schwimmen und verstecken sich bei Gefahr in der Vegetation, bleiben aber immer in Nestnähe und werden von den Altvögeln gefüttert. Im Jugendkleid des flugfähigen Jungvogels, das man aber nur bis September sieht, sind Lachmöwen ❹ oberseits hellbraun mit hellbrauner Kopfzeichnung. Das ❺ Schwanzende ist dunkel, die ❻ Schnabelbasis fleischfarben.

Wanderungen

Lachmöwen, die sich an Futterplätzen tummeln, können schon auf den Shetlandinseln, am Weißen Meer oder sogar in Westafrika gewesen sein; am Mittelmeer waren sicher viele von ihnen. Deutsche Brutvögel überwintern im Land, halten sich aber im Winter großenteils auch in Westeuropa auf und ziehen manchmal bis ins südliche Spanien und nach Nordafrika. Heimische Brutvögel, Durchzügler im Herbst von Nordosten und Frühjahr aus Südwesten sowie Wintergäste aus Skandinavien und Osteuropa formen ein buntes Bild der Gesellschaften eines Möwenjahrs.

Lachmöwe im Prachtkleid

Lachmöwe im Jugendkleid

Silbermöwe

Möwen am Meer

Möwen gehören zum Bild der Küste am wellenumspülten Strand, im Trubel eines großen Hafens, hinter einem ausfahrenden Schiff oder über den Häusern einer Stadt. Mit den großen »Seemöwen« sind in der Regel Silbermöwen gemeint. Ihre Geschichte ist wechselhaft und spannend. Sie brüten in oft großen Kolonien in Dünen und Salzwiesen und haben in einigen Küstenstädten auch Flachdächer von Gebäuden als Brutplätze entdeckt. Die Ostseeküste wurde erst zu Beginn des vorigen Jahrhunderts besiedelt. An der Nordsee ging es auf und ab, weil der Mensch immer wieder in ihre Brutkolonien eingriff.

Lachmöwen im Winter

schiedenen Jugendstadien sieht. Anfänglich sind diese Jugendkleider überwiegend braun, werden von Jahr zu Jahr heller und den Altvögeln ähnlicher. Altvögel haben einen kräftigen ❸ gelben Schnabel mit einem großen roten Fleck nahe der Spitze des Unterschnabels; Beine und ❹ Füße sind fleischfarben.

Silbermöwen leben von Meerestieren wie Krebse, Muscheln, Fischen oder Seesternen. Brot, Essensreste und organischer Abfall lockt sie in die Küstenstädte und Häfen sowie an Müllkippen. Sie holen sich aber auch Eier und Küken anderer Seevögel. So sah man sich aus Vogelschutzgründen zur »Bestandslenkung« gezwungen und sammelte Eier ab. Aber immer wieder erholten sich die Bestände. Heute sind Schließung von Müllkippen und abnehmende Muschelbestände für Grenzen des Wachstums verantwortlich. Die Brutbestände haben etwa seit der Jahrtausendwende abgenommen.

Viele große Möwen

In Deutschland brüten mit Mantel-, Silber-, Mittelmeer-, Steppen- und Heringsmöwe nicht weniger als 5 Großmöwen. 2 davon sehen sich zum Verwechseln ähnlich und wurden auch erst vor kurzer Zeit als Brutvögel nördlich der Alpen entdeckt. Neben Heringsmöwen mit dunklen Flügeln sind Silbermöwen als Brutvögel die häufigsten. Sie brüten in der Größenordnung von 30 000 Paaren hauptsächlich an der Küste. Der Bestand konzentriert sich zu 80 Prozent auf das Wattenmeer der Nordsee. Hier bilden sich oft große Kolonien. Entlang der Ostsee schätzt man etwas über 5000 Paare, im Binnenland bis ins mittlere Deutschland sind es nur etwa 400 Paare. Binnenlandbrutplätze gibt es nur an wenigen Stellen, einige sind auch nicht regelmäßig besetzt.

Wie alle Großmöwen werden auch Silbermöwen erst im vierten Jahr geschlechtsreif. Das bedeutet, dass man neben strahlend ❶ weißen Altvögeln mit silbergrauen Flügeln und ❷ schwarz-weiß gemusterten Flügelenden auch eine Fülle unterschiedlicher Kleider der ver-

Zum
Nachschlagen

Die Vögel dieses Buches in der systematischen Übersicht

Ordnung Sperlingsvögel (Passeriformes)

Familie Sperlinge (Passeridae)

Haussperling (*Passer domesticus*)
Feldsperling (*Passer montanus*)

Familie Ammern (Emberizidae)

Goldammer (*Emberiza citrinella*)

Familie Finken (Fringillidae)

Kernbeißer (*Coccothraustes coccothraustes*)
Grünfink (*Chloris chloris*)
Buchfink (*Fringilla coelebs*)
Bergfink (*Fringilla montifringilla*)
Gimpel (*Pyrrhula pyrrhula*)
Stieglitz (*Carduelis carduelis*)
Erlenzeisig (*Carduelis spinus*)

Familie Stare (Sturnidae)

Star (*Sturnus vulgaris*)

Familie Krähenverwandte (Corvidae)

Rabenkrähe (*Corvus corone*)
Nebelkrähe (*Corvus cornix*)
Saatkrähe (*Corvus frugilegus*)
Eichelhäher (*Garrulus glandarius*)
Elster (*Pica pica*)

Familie Meisen (Paridae)

Kohlmeise (*Parus major*)
Blaumeise (*Parus caeruleus*)
Sumpfmeise (*Parus palustris*)
Haubenmeise (*Parus cristatus*)
Tannenmeise (*Parus ater*)

Familie Schwanzmeisen (Aegithalidae)

Schwanzmeise (*Aegithalos caudatus*)

Familie Kleiber (Sittidae)

Kleiber (*Sitta europaea*)

Familie Baumläufer (Certhiidae)

Gartenbaumläufer (*Certhia brachydactyla*)

Familie Drosseln (Turdidae)

Amsel (*Turdus merula*)
Singdrossel (*Turdus philomelos*)
Wacholderdrossel (*Turdus pilaris*)

Familie Schnäpperverwandte (Muscicapidae)

Rotkehlchen (*Erithacus rubecula*)
Nachtigall (*Luscinia megarhynchos*)
Hausrotschwanz (*Phoenicurus ochruros*)
Gartenrotschwanz (*Phoenicurus phoenicurus*)
Grauschnäpper (*Muscicapa striata*)

Familie Braunellen (Prunellidae)

Heckenbraunelle (*Prunella modularis*)

Familie Zaunkönige (Troglodytidae)

Zaunkönig (*Troglodytes troglodytes*)

Familie Wasseramseln (Cinclidae)

Wasseramsel (*Cinclus cinclus*)

Familie Stelzen (Motacillidae)

Bachstelze (*Motacilla alba*)
Gebirgsstelze (*Motacilla cinerea*)

Familie Goldhähnchen (Regulidae)

  Sommergoldhähnchen (*Regulus ignicapillus*)
  Wintergoldhähnchen (*Regulus regulus*)

Familie Laubsänger (Phylloscopidae)

  Zilpzalp (*Phylloscopus colybita*)
  Fitis (*Phylloscopus trochilus*)

Familie Rohrsängerverwandte (Acrocephalidae)

  Gelbspötter (*Hippolais icterina*)

Familie Grasmücken (Sylviidae)

  Mönchsgrasmücke (*Sylvia atricapilla*)

Familie Lerchen (Alaudidae)

  Feldlerche (*Alauda arvensis*)

Familie Schwalben (Hirundinidae)

  Rauchschwalbe (*Hirundo rustica*)
  Mehlschwalbe (*Delichon urbicum*)
  Uferschwalbe (*Riparia riparia*)

Ordnung Segler (Apodiformes)

Familie Segler (Apodidae)

  Mauersegler (*Apus apus*)

Ordnung Spechtvögel (Piciformes)

Familie Spechte (Picidae)

  Buntspecht (*Dendrocopos major*)
  Grünspecht (*Picus viridis*)

Ordnung Tauben (Columbiformes)

Familie Tauben (Columbidae)

  Ringeltaube (*Columba palumbus*)
  Straßentaube (*Columba livia* f. *domestica*)
  Türkentaube (*Streptopelia decaocto*)

Ordnung Eulen (Strigiformes)

Familie Eulen (Strigidae)

  Waldkauz (*Strix aluco*)

Ordnung Falken (Falconiformes)

Familie Falken (Falconidae)

  Turmfalke (*Falco tinnunculus*)

Ordnung Greifvögel (Accipitriformes)

Familie Habichtverwandte (Accipitridae)

  Sperber (*Accipiter nisus*)

Ordnung Entenvögel (Anseriformes)

Familie Entenverwandte (Anatidae)

  Stockente (*Anas platyrhynchos*)
  Mandarinente (*Aix galericulata*)
  Nilgans (*Alopochen aegyptiaca*)
  Graugans (*Anser anser*)
  Kanadagans (*Branta canadensis*)
  Höckerschwan (*Cygnus olor*)

Ordnung Kranichvögel (Gruiformes)

Familie Rallen (Rallidae)

  Blässhuhn (*Fulica atra*)
  Teichhuhn (*Gallinula chloropus*)

Ordnung Watt-, Alken- und Möwenvögel (Charadriiformes)

Familie Möwen (Laridae)

  Lachmöwe (*Chroicocephalus ridibundus*)
  Silbermöwe (*Larus argentatus*)

Vogelkundliche Fachbegriffe

Alterskleid: Federkleid des erwachsenen, fortpflanzungsfähigen Vogels, entweder als → Jahreskleid oder je nach Jahreszeit als → Pracht- oder → Schlichtkleid zu erkennen.

Altvogel: Völlig ausgewachsener und fortpflanzungsfähiger Vogel.

Armschwingen: Flugfedern, die zwischen dem Körper und der Spitzenhälfte des Flügels angeordnet sind (→ Handschwingen).

Art (Spezies): Grundeinheit in der Klassifizierung und damit auch Benennung von Lebewesen. Man fasst Populationen darunter zusammen, deren Individuen sich in freier Natur miteinander fortpflanzen und fruchtbare Nachkommen erzeugen. Von anderen Arten ist eine Art durch Fortpflanzungsschranken getrennt, so dass keine Gene ausgetauscht werden. Alle Angehörigen einer Art gleichen sich innerhalb eines Geschlechts oder einer Altersstufe. Doch gibt es unterschiedliche Artkonzepte und verschiedene Ansichten, wo man Grenzen zwischen nahe verwandten Lebewesen ziehen soll.

Artenschutz: Maßnahmen, die Arten in überlebensfähigen Beständen und in ihrer genetischen Vielfalt zu erhalten suchen und damit zur Erhaltung der biologischen Vielfalt beitragen.

Avifauna: Die Vogelwelt eines bestimmten Gebietes. Oft werden auch zusammenfassende regionale Datenauswertungen über alle Arten so bezeichnet.

Beringung: Markieren eines Vogels mit einem nummerierten oder beschrifteten Ring einer amtlichen Beringungszentrale, um etwas über sein Schicksal zu erfahren.

Biodiversität: Vielfalt der Arten, ihrer Gene und der Prozesse, die zwischen ihnen ablaufen.

Biotop: Lebensraum einer bestimmten Lebensgemeinschaft von Pflanzen und Tieren (korrekt: der B., nicht das B.).

Brut: Entweder alle Jungen, die aus einem Gelege schlüpfen, oder aktives Nest.

Brutbestand: Zahl aller Brutpaare oder Brutreviere auf einer Fläche oder in einem Gebiet.

Brutgebiet: Geografisches Areal, in dem eine Vogelart als Brutvogel vorkommt.

Brutzeit: Zeitfenster, in dem alle Vorgänge von Balz und Verpaarung bis zur Selbständigkeit der Jungen ablaufen.

Bürzel: Körperabschnitt zwischen dem unteren (hinteren) Rücken und dem Schwanz.

Diversität: Vielfalt (→ Biodiversität).

Dunen: Weiche Federn unter den Konturfedern. Sie dienen der Isolierung des Körpers. Das erste Federkleid der Jungen ist ein Dunenkleid.

Durchzügler: Vogel, der nur auf dem Zug ins Winterquartier oder Brutgebiet vorübergehend in einem Gebiet vorkommt.

Erpel: Männliche Ente.

Familie: Eine Einteilungskategeorie in der Klassifizierung von Lebewesen oberhalb der Gattung.

Fitness: Ein Maß für die Fähigkeit eines Individuums zu überleben und sich fortzupflanzen, nicht eine Bewertung der körperlichen Kondition eines Individuums, sondern der Anpassung an die jeweiligen Umweltbedingungen. Hohe Fitness bedeutet also lange Lebensdauer und/oder viele fortpflanzungsfähige Nachkommen.

Gastvogel: Vogelart, die in einem Gebiet nicht brütet, sondern nur während bestimmter Zeiten anwesend ist.

Gattung: Zusammenfassung verwandter Arten. Das erste Wort im wissenschaftlichen Namen einer Art ist der Gattungsname.

Gelege: Alle Eier einer Brut im Nest, die meistens von einem Weibchen stammen.

Gesang: Längere, nicht selten auch komplizierte, oft, aber nicht immer wohlklingende Lautäußerungen, meist nur von Männchen vorgetragen. Mit Gesang werden Reviere abgegrenzt und Brutpartner angelockt; auch Artgenossen erkennen sich daran (→ Ruf).

Gewölle: Portionen von Federn, Haaren, Knochen, die als unverdaute Nahrungsreste von Eulen und Greifvögeln hervorgewürgt werden.

Handschwingen: Äußere Flugfedern des Flügels (→ Armschwingen),

Höhlenbrüter: Vögel, die in Baum-, Fels-, Erd- oder Mauerhöhlen oder in Nistkästen brüten.

Hudern: Altvögel bedecken ihre noch kleinen Jungen im lockeren Bauchgefieder oder mit den Flügeln, um sie vor Kälte, Hitze oder Nässe zu schützen.

Invasion: Unregelmäßige Massenwanderung einer Vogelart nach starker Vermehrung und/oder Nahrungsmangel, extremer Witterung (→ Vogelzug).

Jahreskleid: Altvogelgefieder, das während des Jahres stets gleich aussieht (→ Pracht-, → Schlichtkleid).

Jahresvogel: Ganzjährig anwesende Vögel einer Art entweder als → Standvögel und/oder durch jahreszeitliche Zuwanderung oder Austausch durch Wegzug ansässiger und Zuzug fremder Vögel (→ Durchzügler, Wintergast).

Jugendkleid: Erstes vollständiges Federkleid nach dem Dunenkleid, das sich oft vom → Alterskleid unterscheidet.

Kolonie: Ansammlung von Nestern auf engem Raum.

Konturfedern: Äußerlich am Vogel sichtbare Federn (→ Dunen).

Kurzstreckenzieher: Vögel, deren Brut- und Überwinterungsgebiete nahe beieinanderliegen, z. B. Brutvögel Mitteleuropas, die im Mittelmeerraum oder in Westeuropa überwintern (→ Langstreckenzieher, Teilzieher).

Langstreckenzieher: Vögel, deren → Brut- und Überwinterungsgebiete weit auseinander in unterschiedlichen Temperaturzonen liegen, z. B. Brutvögel Mitteleuropas, die in den Tropen Afrikas überwintern (→ Kurzstreckenzieher, → Teilzieher).

Lauf: Abschnitt des Vogelbeins zwischen Zehen und dem sich nach vorne abbiegenden Laufgelenk.

Mauser: Wechsel von Federn. Die alte Feder fällt aus und die neue wächst an derselben Stelle heran. Da ausgewachsene Federn kompliziert konstruierte tote Gebilde sind und sich daher nach einiger Zeit abnutzen, müssen sie in Abständen erneuert werden – meist während bestimmter Mauserzeiten im Jahr. Mit der Mauser ist oft ein sichtbarer Wechsel der Kleider verbunden.

Nachgelege: Ersatzbrut nach Verlust der ersten Brut (→ Zweitbrut).

Neozoen: Vom Menschen absichtlich oder unabsichtlich eingebürgerte Tierarten, die vorher im Gebiet nicht heimisch waren (Einzahl: Neozoon).

Nestflüchter: Junge, die mit offenen Augen und dichtem Dunenkleid schlüpfen und das Nest sofort verlassen können , z. B. Enten- und Hühnervögel.

Nesthocker: Junge, die mit geschlossenen Augen und fast nackt schlüpfen. Sie müssen von den Altvögeln zunächst gehudert und bis zum Ausfliegen gefüttert werden, z. B. Singvögel, Spechte, Falken, Greifvögel.

Nestling: Jungvogel, der von den Eltern im Nest noch gefüttert wird.

Nichtbrüter: Vogelindividuum, das zur → Brutzeit anwesend, aber aus ganz unterschiedlichen Gründen (Lebensalter, Konkurrenz, Mangel an Brutplätzen) nicht an der Fortpflanzung beteiligt ist. Nichtbrüter bedeuten für manche Populationen eine wichtige Brutreserve, die Ausfälle ersetzen kann.

Ökologie: Wissenschaft von den Beziehungen der Organismen untereinander und zu ihrer Umwelt.

Ordnung: Kategorie der Klassifikation, die verwandte und ähnliche Familien zusammenfasst.

Ornithologie: Wissenschaft von den Vögeln.

Population: Gesamtzahl der Individuen einer Art in einem Gebiet.

Prachtkleid: Federkleid während der Balz- und → Brutzeit.

Revier: Gebiet, das von einem Vogel gegen Artgenossen verteidigt wird, z. B. ein Brutrevier von Männchen gegen andere.

Ruf: Meist kurze Lautäußerung, die in bestimmten Situationen zu hören ist (z. B. Warnruf, Kontaktruf) und an der man Arten meist sicher erkennen kann.

Schlichtkleid: Meist wenig auffälliges Gefieder von → Altvögeln außerhalb der → Brutzeit (→ Prachtkleid).

Standvogel: Vogel, der das ganze Jahr an einem Ort lebt.

Teilzieher: Bezeichnung für Vogelarten, bei denen entweder einzelne Individuen ziehen, andere das ganze Jahr über am Ort bleiben oder in bestimmten Gebieten alle ziehen, in anderen jedoch nicht.

Tierschutz: Moralische Verpflichtung, Tierindividuen, gleichgültig ob wildlebende oder gehaltene, vor Leiden oder Schäden zu bewahren. Wird oft mit → Artenschutz verwechselt.

Vogelzug: Jahreszeitliche Wanderungen zwischen verschiedenen Gebieten als Hin- und Rückreise, z. B. zwischen → Brutgebiet und Überwinterungsgebiet.

Zweitbrut: Neue → Brut nach einer erfolgreichen ersten Brut innerhalb einer Brutsaison

Nützliche Adressen und Links

Ala – Schweizerische Gesellschaft für Vogelkunde und Vogelschutz
CH-6204 Sempach;
Tel.: +41 (0)71 636 10 76
(Sekretariat), E-Mail: sekretariat@ala-schweiz.ch; Internet:
www.ala-schweiz.ch.

Dachverband Deutscher Avifaunisten e.V. (DDA)
An den Speichern 6,
D-48157 Münster;
Tel.: +49 (0)251/210140-0,
Fax.: +49 (0)251.210140-29,
E-Mail: info@dda-web.de;
Internet: www.dda-web.de. –
Zusammenschluss aller landesweiten und regionalen vogelkundlichen Organisationen

BirdLife Österreich – Gesellschaft für Vogelkunde
Museumsplatz 1/10/7-8,
A-1070 Wien;
Tel.: +43 (0)1523/4651,
Mo-Do 9-12 Uhr,
Mi 9-12 und 13-16 Uhr,
Fax: +43 (0)1523 46/5150,
E-Mail: office@birdlife.at;
Internet: www.birdlife.at. –
Mit Regionalstellen in allen Bundesländern.

Deutsche Gesellschaft für Mauersegler e.V.
Mauerseglerklinik Buchenstr. 9,
D-65933 Frankfurt am Main;
Tel.: + 49 (0)69/35351504;
Internet: www.mauersegler.
com. – *International bekannte Spezialklinik für verletzte und kranke Mauersegler.*

Heinz Sielmann Stiftung
Gut Herbigshagen,
37115 Duderstadt;
Tel.: +49 (0)05527 9140,
Fax: +49 (0)5527 914100,
E-Mail: info(@sielmann-stiftung.de; Internet: www.sielmann-stiftung.de. – *Stiftung zur Förderung von Naturschutzprojekten.*

Komitee gegen den Vogelmord e.V.
Bundesgeschäftsstelle An der Ziegelei 8, D-53127 Bonn;
Tel.: +49 (0)228/665521,
Fax: +43 (0)228/665280,
E-Mail: info@komitee.de; Internet: www.komitee.de. –
Aktionsgemeinschaft gegen illegale Vogeljad und Vogeltötung.

Länderarbeitsgemeinschaft der Vogelschutzwarten (LAG VSW)
Wechselnde Geschäftsführung;
Internet: www.vogelschutzwarten.de. – *Arbeitsgemeinschaft aller Vogelschutzwarten und für Vogelschutz zuständiger Fachbehörden der Bundesländer.*

Landesbund für Vogelschutz in Bayern (LBV) e.V.
Landesgeschäftsstelle Eisvogelweg 1, 91161 Hilpoltstein;
Tel.: +49 (0)9174/4775-0,
Fax: +49 (0)9174/4775-75,
E-Mail: infoservice@lbv.de;
Internet: www.lbv.de. – *Mit vielen Regionalstellen und 350 Ortsgruppen.*

Naturschutzbedarf Strobel, Fachhandel und -beratung Fa. Pröhl
Nitzschkaer Str. 29,
04626 Schmölln OT Kummer;
Tel.: +49 (0)34491 / 81877,
Fax: +49 (0) 34491/55618,
E-Mail: info@naturschutzbedarf-strobel.de; Internet: www.
naturschutzbedarf-strobel.de. –
Alle Typen künstlicher Nisthilfen, auch online-shop.

Naturschutzbund Deutschland (NABU).
Bundesgeschäftsstelle Charitéstr. 3, 10117 Berlin,
Postanschrift NABU 10108;
Tel.: + 49 (0) 30-28 49 84-0,
Fax: +49 (0)30-20 00, E-Mail:
NABU@NABU.de; Internet:
www.nabu.de. – *Landesverbände in allen Bundesländern (Partner in Bayern s. LBV) und einige Forschungseinrichtungen.*

ornitho.de (.at; .ch):
Internetplattform, auf der Vogelbeobachtungen gemeldet und gesammelt werden.

Schweizer Vogelschutz (SVS)
Geschäftsstelle Deutschschweiz Wiedingstr. 78,
CH-8036 Zürich,
Tel.: +41 (0)4445/ 77020,
Fax: +41 (0)4445/77030,
E-Mail: svs@birdlife.ch; Internet: www.birdlife.ch.

Veröffentlichungen, die weiterhelfen

Bergmann, H.-H., H.-W. Helb & S. Baumann (2008, 2015): **Die Stimmen der Vögel Europas.** Aula-Verlag, Wiebelsheim. – *Bebilderte Beschreibung von 487 Arten Europas und ihrer Stimmen in Wort und Sonagramm mit einer DVD. 2. Auflage 2015 alles als DVD mit Lernprogramm.*

Bergmann, H.-H. & W. Engländer (2012): **Die große Kosmos-Vogelstimmen** DVD. Franckh-Kosmos-Verlag, Stuttgart. – *220 Vogelarten im Film und synchronen Lautäußerungen; Kassette mit 2 DVDs und Begleitbuch.*

Bezzel, E. (2013): **Das BLV Handbuch Vögel.** BLV Buchverlag, München. – *Lebensweise und Verhalten aller Brutvögel Mitteleuropas ausführlich beschrieben, mit Fotos und Farbzeichnungen.*

Bezzel, E. (2014) **Vogelfedern.** 5. Aufl. BLV Buchverlag, München. – *Kleine Einführung in die Bestimmung von Vogelfedern nach Farbfotos.*

Bezzel, E. (2016): **Vögel bestimmen in drei Schritten.** 4. Aufl. BLV Buchverlag, München. – *Handliche und praktische Einführung zum Erkennen der Vögel in freier Natur mit Fotos und QR-Codes.*

Der Falke. Journal für Vogelbeobachter. Aula-Verlag, Wiebelsheim. – *Reich bebilderte Monatsschrift über alles, was Vogelbeobachter interessiert.*

Falke Redaktion (2015): **Die 100 besten Vogelbeobachtungsplätze in Deutschland.** Aula-Verlag, Wiebelsheim. – *Führer mit GPS-Daten zu den ergiebigsten Plätzen zur Vogelbeobachtung mit Ansprechpartnern, Reisemöglichkeiten usw.*

Fiedler, W. (2015): **Die Vögel Mitteleuropas sicher bestimmen.** Bildatlas. Quelle & Meyer, Wiebelsheim. – *Bildergalerie mit 1750 Fotos von 647 in Mitteleuropa vorkommenden Arten für fortgeschrittene Vogelbeobachter.*

Fünfstück, H.-J., A. Ebert & I. Weiß (2010): **Taschenlexikon der Vögel Deutschlands.** Quelle & Meyer, Wiebelsheim. – *Alles Wichtige über jede Art übersichtlich zusammengestellt, mit Farbfotos.*

Lohmann, M. (2007): **Vogelparadies Garten.** BLV Buchverlag, München. – *Einführung in Leben und Schutz der Gartenvögel mit CD einiger Vogelstimmen.*

Svensson, L., K. Mullarney & D. Zetterström (2015): **Der Komos Vogelführer. Alle Arten Europas, Nordafrikas und Vorderasiens.** 2. Aufl. Franckh-Kosmos-Verlag, Stuttgart. – *Vollständigster bebilderter Vogelführer mit sehr guten Farbzeichnungen für fortgeschrittene Vogelbeobachter.*

Wink, M. (2014): **Ornithologie für Einsteiger.** Springer, Berlin, Heidelberg. – *Reich bebilderte, umfassende Einführung in alle Bereiche der Vogelkunde von der Vogelbeobachtung bis zur molekularen Systematik.*

Register der Vogelnamen

Über den Autor

Dr. Einhard Bezzel ist in Illertissen geboren und in München aufgewachsen. Er hat Staatsexamina in Biologie, Chemie, Geografie, Sozialwissenschaften und wurde in Zoologie promoviert. Langjähriger Leiter der Staatlichen Vogelschutzwarte in Garmisch-Partenkirchen, Redakteur des Journals für Ornithologie und Chefredakteur der Zeitschrift Der Falke. Ehrenmitglied der Deutschen-Ornithologen-Gesellschaft und der Ornithologischen Gesellschaft in Bayern, korrespondierendes Mitglied von BirdLife Österreich. Seit vielen Jahren arbeitet er als Publizist und Wissenschaftsjournalist.

Impressum

Bibliografische Information der Deutschen Nationalbibliothek
Die Deutsche Nationalbibliothek verzeichnet diese Publikation in der Deutschen Nationalbibliografie; detaillierte bibliografische Daten sind im Internet über http://dnb.d-nb.de abrufbar.

 BLV Buchverlag GmbH & Co. KG

80636 München

© 2017 BLV Buchverlag GmbH & Co. KG, München

Bildnachweis:
Alle Fotos von Hans-Joachim Fünfstück, außer:
Günter Bachmeier: 41; Hans-Heiner Bergmann: 84u; Andreas Ebert: 103; Martin Grimm: 31, 116u; Christoph Moning: 54u, 69o, 76, 109, 116o, 142u, 161o, 166; Lutz Ritzel: 135u; Markus Römhild: 118; Jürgen Schneider: 57, 128o, 141; Martin Thoma: 89o

Foto Seite 1: Schwanzmeise; Seite 2/3: Junger Specht; Seite 4: Türkentauben; Seite 6: Bergfink; Seite 13: Junges Rotkehlchen; Seite 167: Lachmöwe im ersten Winter.

Umschlagkonzeption und -gestaltung: BLV-Verlag
Umschlagfotos:
Vorderseite: Christoph Moning
Rückseite: Hans-Joachim Fünfstück

Lektorat: Elena Gabler
Herstellung: Hermann Maxant

Layoutkonzept Innenteil und Satz:
griesbeckdesign, Dorothee Griesbeck, München

Gedruckt auf chlorfrei gebleichtem Papier

Printed in Germany
ISBN 978-3-8354-1643-7

Hinweis
Das vorliegende Buch wurde sorgfältig erarbeitet. Dennoch erfolgen alle Angaben ohne Gewähr. Weder Autor noch Verlag können für eventuelle Nachteile oder Schäden, die aus den im Buch vorgestellten Informationen resultieren, eine Haftung übernehmen.

 www.facebook.com/blvVerlag

BLV im WEB

In unserem Webshop warten weit über 500 lieferbare Titel zu den Themen Garten, Natur, Sport, Fitness, Kreativ und Kochen auf Sie.

Surfen Sie doch mal vorbei, bestellen Sie **versandkostenfrei** und zahlen Sie bequem z.B. **auf Rechnung** oder schnell via **Paypal**.

Versandkostenfrei bestellen: www.blv.de